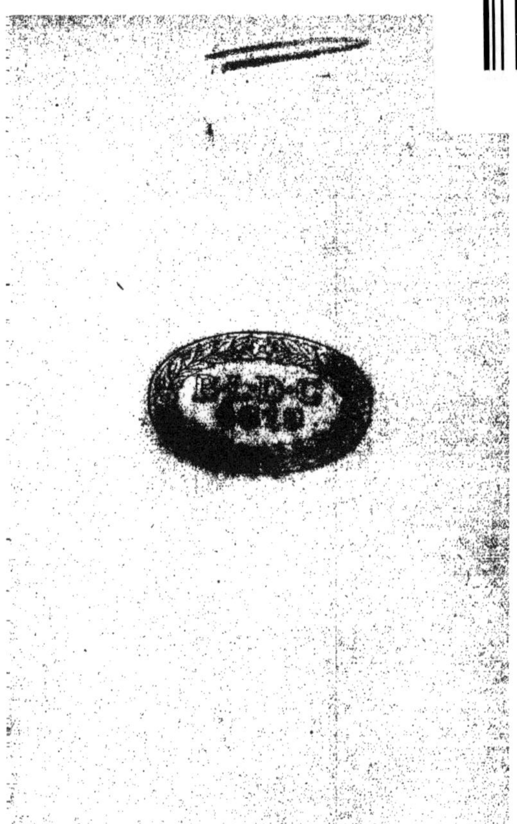

AF500249

# ATELIERS ET TAUDIS
## DE LA BANLIEUE DE PARIS

## DU MÊME AUTEUR

### QUESTIONS RELIGIEUSES

*L'abbé Loisy, M. Le Dantec, M. Clémenceau, font leur prière.* — 1 brochure in-8, 1908.................. Epuisé

*Le professeur Loisy contre l'abbé Loisy.*— 1 broc. in-12, 1909 Epuisé

*Le Lycée corrupteur.* — 1 vol. in-16, grand format, 1909 Epuisé

*La Laïque, la Neutralité, les Manuels, la Parole et l'Exemple.* 1 vol. in-12, 1910.................................. Epuisé

### QUESTIONS SOCIALES

Série « *La Vie ouvrière, observations vécues.* »
Chez ROUSSEAU, 14, rue Soufflot, PARIS
et GIARD, 2, rue Royale, LILLE.

*La Vie ouvrière.* — 1 volume in-12, 1909.............. **3 50**

*La Méthode concrète en science sociale.* — 1 vol. in-12, 1914 **2 50**

*Les Mariniers.* — 1re édit., 1914, 2e édit., 1914, 1 vol. in-12 **3 50**

*Réponse à quelques objections.* — 1 broch. in-12, 1912.. **1 50**

*L'Ouvrier agricole.* — 1 vol. in-12, 1919.............. **4 50**

*Les Mineurs.* — 1 vol. in-12, 1919..................... **4 50**

*Deux Chauffeurs-Conducteurs.* — 1 vol. in-12, 1919...... **3 fr.**

*L'Ouvrier espagnol.* — 2 vol. in-12, 1919.............. **9 fr.**

*Ouvriers parisiens d'apres-guerre.* — 1 vol. in-12, 1921.. **4 50**

LA VIE OUVRIÈRE

# ATELIERS ET TAUDIS

DE

# LA BANLIEUE DE PARIS

*OBSERVATIONS VÉCUES*

par **JACQUES VALDOUR**

" Editions Spes "

17, Rue Soufflot — PARIS

19

# INTRODUCTION

Cette étude est circonscrite aux ouvriers métallurgistes — mouleurs et fondeurs exceptés — de trois localités de la banlieue de Paris : Saint-Denis, Levallois-Perret et Puteaux.

Les métallurgistes, — tôliers, tourneurs, fraiseurs, traceurs, raboteurs, perceurs, ajusteurs, — constituent la majeure partie de l'élite ouvrière : artisans instruits, très versés dans leur métier, familiarisés avec la géométrie, l'algèbre élémentaire, le dessin, parvenus au compagnonnage après plusieurs années d'apprentissage et une longue pratique professionnelle, habitués à réfléchir leurs actes manuels, à se servir des machines-outils en les adaptant à la confection de chacune des pièces particulières dont ils sont chargés d'assurer la transformation, ils apportent au choix de leurs idées sur l'organisation du travail et la réforme de la société les habitudes de réflexion et de discussion qu'ils ont contractées dans la pratique professionnelle, au cours de leur vie d'atelier.

De là, le sentiment qu'ils éprouvent de la valeur de leurs convictions personnelles et l'attachement qu'ils vouent à des idées qu'ils ont conscience d'avoir méditées : lorsqu'ils s'engagent dans la voie révolutionnaire, ils y apportent toute l'ardeur de leur tempérament naturel et même une violence alimentée et accrue par cette conviction qu'une pensée sincère et avertie la justifie. De là aussi, leur influence sur les ouvriers des autres métiers, et leur participation plus directe et plus active au gouvernement des associations ouvrières et à la rédaction du programme révolutionnaire qui en inspire la tactique.

Mais, à l'inverse, lorsqu'ils se détachent de ces idées, c'est qu'ils jugent raisonnable de les rejeter. Pareille évolution se produit aujourd'hui chez cette élite laborieuse. Constatée dans trois centres importants de la banlieue parisienne, elle semble mériter d'être présentée au public que ces questions intéressent ou même préoccupent.

---

CHAPITRE PREMIER

# SAINT-DENIS

La vaste plaine de Saint-Denis s'étale au nord de Paris, hérissée de hautes cheminées fumantes, sillonnée de voies ferrées sans cesse trépidantes sous les roues des trains qui s'y succèdent avec un grand bruit de ferraille, et parcourue par de larges routes désertes où, de temps à autre, un tramway gémit et grince, une auto passe en trombe. A mesure que l'on s'éloigne de Paris, les terrains vagues, les champs cultivés, les maisons isolées ou groupées se succèdent ; puis, usines et maisons se rapprochent et bientôt se fondent dans la cité ouvrière qui, bâtisses noires et rues grouillantes, se ramasse entre l'antique basilique et un bras de la Seine. Tout au long de cette plaine, le génie moderne a donné sa mesure : sa puissance matérielle, la dure civilisation qui l'exprime ont fait surgir une intense floraison d'usines et concentré toute la foule aux mains noires qui s'y engouffre ou qu'elles déversent matin et soir.

Ces créations de notre intelligence, qui nous ont

permis de domestiquer les forces de la nature, manifesteraient notre gloire si nous avions su nous soumettre aux lois supérieures des sciences sociale, morale et religieuse, conformément à la hiérarchie qui doit régner entre les choses comme entre les idées. Mais un malfaisant génie nous a poussés à accorder la prééminence aux sciences et aux réalités qui, si elles satisfont les besoins immédiats et inférieurs de l'homme, répondent moins aux exigences les plus profondes de sa nature totale. La matière a prétendu être reine et, comme les hommes ne peuvent supporter d'en devenir esclaves, la révolte n'a guère cessé de gronder au sein de nos sociétés scientistes et industrialisées.

... La ville ouvrière et les usines fumantes s'arrêtent aux berges du fleuve. Les deux bras de la Seine enserrent la verdoyante île Saint-Denis. Dans la perspective de ses eaux se dessinent des collines chargées d'arbres. Avant que la vie rurale reprenne son empire, l'industrie multiplie sur la terre voisine et sur les eaux mobiles son prodigieux effort : péniches et chalands s'entassent aux abords de l'île. En ce matin d'automne, pendant que des buées légères achèvent de se perdre dans l'air limpide, je regarde l'eau profonde où se reflètent à la fois le ciel très bleu et les longs trains de péniches à la remorque, dont l'image tremble... Et je serais tenté d'oublier dans la paix de ses rives la vaste plaine où grondent les machines et où peinent les hommes.

### § 1. — Le logis.

Je passe la majeure partie d'une matinée à chercher une chambre. Je m'adresse à vingt hôtels meublés avant de découvrir dans une large rue du centre de la ville un logement composé d'une chambre et d'une cuisine et pour lequel on me demande le prix de quatorze francs par semaine. L'entrée est distincte de celle du débit du logeur. Un couloir tortueux et sombre traverse le bâtiment élevé sur la rue et débouche dans une petite cour creusée entre quatre murs ; au fond de la cour, un deuxième corps de logis abrite trois locataires à son rez-de-chaussée et quatre à chacun de ses trois étages. Dès le vestibule obscur, ouvert à tous les vents, on est pris à la gorge par la forte odeur de cabinets ignobles, béants dans la courette de un mètre cinquante de côté qui s'ouvre au delà : sorte de puits sombre, empuanti par la fosse à déjections et sur lequel cependant, au rez-de-chaussée et à chacun des trois étages, deux fenêtres prennent l'air et le jour qu'elles distribuent à huit locataires infortunés. Les émanations du cloaque montent dans la cage du sombre escalier dont je gravis les marches. Mon logis se trouve au premier étage. A tâtons, j'en cherche la porte. A force d'en explorer les planches et le cadre, je finis par découvrir la serrure. En plein midi, règne dans la chambre, ouverte sur l'étroite cour d'accès, une clarté crépusculaire. Un lit de fer, avec un couvre-pieds luisant d'usure et gras, une commode, une glace, une petite table et deux chaises meublent cette pièce qui mesure deux mètres cinquante sur chaque côté. Une porte donne accès dans une cuisine large de un mètre cinquante et longue de deux mètres, carrelée : sur le fourneau de briques sont posés un broc (il faut aller puiser l'eau dans la rue à une borne-fontaine) et une cuvette de fer émaillé ; des patères sont fixées au mur. Quelques peintures sombres et fort vieilles attristent encore le logement. Le parquet de la chambre est soigneusement balayé ; comme le sont, du reste, l'escalier et la cour : pas de poussière dans cette maison, mais la morne vétusté des choses longuement usagées et salies, patine des laborieux locataires qui, pendant bien des années, s'y sont succédés. Quand le vent souffle un peu fort, il s'engouffre dans le vestibule que rien ne clôt, dans l'escalier aux petites fenêtres béantes, sous ma porte qui joint mal, et un courant d'air froid traverse mon triste logis.

C'est un appartement pour famille ouvrière ; le débitant me le fait remarquer. « Mais, ajoute-t-il, chaque fois qu'un ménage me donne congé, je le remplace par un célibataire : les femmes et les enfants salissent et cassent tout. Comme ça n'est pas à eux, ils s'en f... Lorsqu'ils partent, je dois payer des réparations qui mangent mon bénéfice et au delà !... Je vais jusqu'à louer moins cher à un célibataire et, comme, généralement, il prend ses repas chez moi, je me rattrape.. »

Cet hôtel garni compte une quinzaine de locataires, jeunes gens, hommes et ménages. Le bâtiment qui se dresse entre cour et rue comprend seulement des logements que les occupants ont garni avec leur mobilier personnel. J'entends parfois piailler un marmot dans le bâtiment que j'habite et un autre dans le bâtiment d'en face ; et je n'ai jamais vu jouer dans la cour ou entendu aux divers étages de tout l'immeuble plus de deux ou trois fillettes ou garçonnets. Les enfants sont rares.

Le quart peut-être de la population laborieuse à Paris et dans la banlieue vit en garni. Avant 1914, on n'y rencontrait guère que les familles les plus pauvres ou déchues. Depuis la guerre, la crise du logement a contraint beaucoup de familles de salariés à vivre ainsi. Par exemple, un des « garnis » de Saint-Denis où j'ai inutilement cherché à me loger ne comptait comme locataire que des familles ouvrières ; de même, dans plusieurs hôtels meublés du quartier de la Chapelle, à Paris.

A six heures du matin, la maison s'éveille. Des pas lourds se font entendre pendant quelques minutes au-dessus de ma tête. Puis, de gros souliers à clous descendent à grand bruit l'escalier et traversent la petite cour. D'autres leur succèdent. Une demi-heure plus tard, le « garni » est vidé de ses occupants. A six heures, le soir, des pas lourds résonnent dans les escaliers. Des voix bientôt partent des logis jusqu'à ce moments muets ou déserts. Un enfant crie. Deux femmes engagent, par dessus la cour, de fenêtre à fenêtre, une brève conversation. Ce sont propos coupés, dialogues abandonnés et repris. « Tiens ! » fait une voix, avec un accent de surprise, « votre chat attrape les mouches ! — Bien sûr ! Et il s'en nourrit. Les chats aiment beaucoup cela. Mais, manger des mouches, ça les fait maigrir. Les chiens aussi aiment les attraper pour les manger. — Les chiens, déclare une voix d'homme, ça, c'est fidèle... » Un bruit d'assiettes... On met le couvert... Le repas est vite préparé : une demi-heure plus tard, j'entends des bruits de fourchettes... Dans l'escalier, une femme monte en chantant... Une fenêtre s'ouvre, une autre femme, à l'abondante chevelure blonde, étale sur une corde la lessive du ménage : chemises d'hommes, chaussettes, tabliers et corsages légers. D'autres cordes jetées en travers de la cour, aux divers étages, portent, comme un grand pavois, le linge lavé de la semaine. C'est, en ce jour du samedi, la fête hebdomadaire du labeur et voilà le seul décor que connaisse ce sombre préau où, pour vingt ou trente personnes, s'emprisonne l'horizon de la vie au foyer.

Il est huit heures. Dans le silence nocturne auquel est retombé tout l'immeuble, s'élève, un long moment, la plainte d'un accordéon, et quand l'ouvrier qui en joue a cessé d'épancher en sons nasillards la poésie dont débordait son âme, la maison retombe à son lourd silence et ma chambre, plus misérable que la plus pauvre cellule de couvent, n'est pas moins retranchée du monde et ne connaît pas moins de recueillement.

Un dimanche, vers la fin de l'après-midi, de l'autre côté de la cour, dans un des logis, deux voix d'hommes et deux voix de femmes se font entendre : deux ménages se sont réunis pour jouer aux cartes et les parties se succèdent au milieu de grands éclats de rires.

Comme je rentrais vers six heures, après ma journée d'usine, et que le crépuscule commençait à s'épaissir dans la cour étroite, profonde, si triste, voilà qu'en face de moi une fenêtre se ferme : je n'ai que le temps d'entrevoir, d'un coup d'œil, ma voisine. Elle est jolie ma voisine ! très jolie. Est-ce une jeune fille ? Une jeune femme ? Qui a cueilli cette jolie fleur ? Par quel miracle a-t-elle pu s'épanouir en ces sombres taudis ? Un soir, je l'entends chanter, pour se distraire, la romance de la « Petite Lili aux yeux bleus, doux comme ceux des anges » et qui, devenue amoureuse d'un méchant souteneur, « fait maintenant le trottoir ». Tout un après-midi, en vaquant aux soins du ménage, elle chante son répertoire de chansons des rues, siffle les refrains, ou bavarde avec la femme d'en face. Une autre fois, elle aide sa fillette à apprendre l'alphabet ; pendant cinq minutes, elle manifeste une grande sollicitude pour les efforts de l'enfant, puis, brusquement, elle lance des : N... de D...! M...! Tu m' fais ch...!» suivis d'un soupir : « Je ne suis pas patiente. » Et, comme l'enfant sanglotte : « Mais ne pleure donc pas ! crie-t-elle brutalement. Apprends tes lettres, voilà tout ! » Un autre soir, elle chante : « ... De bouffer de la vache enragée, j'en ai mare !... » Et dans la petite cour, où une vieille refait son matelas, la fillette qui l'aide, enfant de sept à huit ans, entonne, d'une voix perçante, la romance populaire : « C'est moi qu'on appelle la vipère du trottoir ! »

Mon voisin de palier est un célibataire d'une quarantaine d'années, un terrassier fruste, aux traits épais et durs, et dont le pas, alourdi par de fortes chaussures cloutées, sonne sur le parquet, matin et soir, à l'heure du départ pour le travail et du retour pour dormir. De ma fenêtre, je l'entrevois, traversant la cour. Un seul soir, comme je rentrais chez moi, sa porte étant grande ouverte, j'ai aperçu sa chambre, plus petite que la mienne, bien plus obscure, et dont la fenêtre, ouverte sur le boyau de courette, où se cache l'innommable réduit, absorbe directement toutes les puanteurs qui en émanent. Au rez-de-chaussée, la fenêtre d'une autre chambre, sombre comme une cave, est percée, juste en face de cette sentine, qui empoisonne l'immeuble, et le malheureux locataire qui y gîte n'a d'autre ressource pour se défendre contre les redoutables agressions dont son odorat est l'objet que de tenir sa fenêtre toujours close. Mais, à chacun des trois étages, deux chambres se faisant face ne tirent air et lumière que de ce trou empli par les émanations putrides de la fosse d'aisances.

## § 2. — Une fabrique de pompes.

L'EMBAUCHAGE. — Avant huit heures du matin, nous sommes déjà une demi-douzaine de sans-travail qui attendons devant les massives portes de fer de l'usine ; et bientôt nous serons quinze : des jeunes gens de dix-huit à vingt ans, des jeunes hommes de vingt à trente, quelques hommes entre quarante et cinquante. Ces derniers ont encore la mise négligée de l'ouvrier d'avant-guerre ; ils portent de vieux effets de drap décoloré et sali, de fortes chaussures mal seyantes, une casquette de drap, une chemise dépourvue de col. Mais la génération nouvelle montre dans sa tenue plus de recherche : parmi ces jeunes ouvriers, trois sont coiffés d'un chapeau mou ; presque tous portent des chaussures de bonne confection, en cuir jaune ou en cuir et drap noirs ; trois d'entre eux seulement n'ont mis ni faux-col, ni cravate, et, à l'exception d'un seul, ils sont vêtus de complets de bonne coupe, aux couleurs à la mode, gris ou bleu marine ; le pli du pantalon est soigneusement marqué et les vestons cintrés.

Les sans-travail attendent patiemment, en silence. Lorsque, la porte s'ouvrant enfin, le concierge paraît sur le seuil, tous, d'un pas rapide, se hâtent vers lui. « Quels métiers » ? interroge-t-il. Ils répondent : « Tourneur... Ajusteur... Soudeur... Manœuvre... » Le concierge reprend : « Pas de soudeurs ! Les autres, entrez ! » Nous passons dans la cour. Puis, nous sommes successivement appelés dans le petit bureau voisin pour montrer nos certificats et inscrire sur des feuilles notre état-civil. Cela fait, le concierge s'écrie : « Maintenant, vous n'avez plus qu'à attendre l'arrivée du docteur pour la visite médicale. » Et il nous pousse dans la rue.

Les plus âgés des ouvriers s'en vont chez le marchand de vin le plus proche et, après avoir pris un verre, reviennent devant l'usine, restent plantés là sur le trottoir, silencieux. Deux des jeunes gens discutent sur le meilleur moyen de bien se servir de leur appareil photographique.. Deux autres lisent l'*Auto* et parcourent avidemment toutes les nouvelles sportives. L'un des hommes me dit : « J'espère être pris, tout de même ! C'est un contre-maître, avec qui j'ai travaillé pendant huit ans, qui me demande... On nous fera peut-être faire une épreuve professionnelle... Bah ! ce contre-maître me connaît bien ! quand on a travaillé huit ans ensemble... » Dans ses propos, comme dans le silence de ses compagnons, se lit une certaine anxiété : ils ont hâte d'être embauchés, ils redoutent d'être rejetés dans les rangs des chômeurs. L'homme reprend : « Si on ne me mettait pas dans l'atelier de ce contre-maître, dans quel atelier me mettrait-on ?... Je sais bien ce que je choisirais... celui où on est le mieux payé ! » Et, réconforté par cette boutade, il recommence à espérer que l'avenir lui sourira. Un autre ouvrier se plaint d'habiter à deux heures d'ici : « Oui, deux heures de train et de métro !... Ça fait quatre heures de chemin par jour. Avec neuf heures de travail et une heure et demie pour le déjeûner pris hors de chez moi, c'est plus de quatorze heures par jour sans mettre les pieds à la maison !... Et je ne compte pas la dépense... »

Lentement, deux heures passent jusqu'à l'arrivée du docteur. A l'un des jeunes gens, le médecin fait observer qu'il est affligé d'une hernie. « Mais non ! proteste l'intéressé. — Mais si ! riposte le docteur. Je vous le dis ! Je la sens bien... Et même une grosse hernie. Il faudra porter un bandage. » Le jeune homme esquisse un geste de protestation. « Dame ! insiste le médecin. Je vous le conseille parce que c'est votre intérêt. » Dans la cour, le hernieux récrimine : « Porter un bandage ! Plus souvent ! Je ne tiens pas à me faire estropier ! »

Après la visite, le concierge nous avise que nous commencerons le travail le surlendemain lundi à sept heures du matin. Un des nouveaux embauchés, avec qui je fais route au retour, m'explique que, dans cette usine, « on observe la semaine anglaise. Aussi, tous les jours, sauf le samedi, travaille-t-on neuf heures : de sept heures à midi et de une heure trente à cinq heures trente. » Cette répartition du temps paraît judicieuse aux intéressés. Un voisin de vestiaire me dira : « On est content de voir la fin de la séance de cinq heures ; comme il n'y a pas de casse-croûte, on commence à se sentir l'estomac creux ; et puis, cinq heures de suite, c'est une forte séance. Mais il vaut mieux cinq heures de travail le matin ; on est plus dispos que le soir. »

Le travail. — A pleine rue, le flot des ouvriers et des ouvrières descend, s'écoule vers les usines. La plupart des hommes portent roulés sous leur bras le pantalon et la veste de travail, en toile bleue, fraîchement lavés. Quelques-uns achètent leur journal, généralement *Le Journal* et *Le Petit Parisien* ; rares sont ceux qui le parcourent en marchant.

Les portes de l'usine sont grandes ouvertes. Les ouvriers stationnent un moment, par groupes, dans la rue, échangent entre camarades quelques propos, puis franchissent le seuil ; ceux qui sont venus à bicyclette la déposent au garage ; tous prennent leur jeton de présence, traversent le hall des machines et se répandent dans le vaste vestiaire ; chacun des quinze cents ouvriers y dispose d'une armoire ; entre les deux rangées d'armoires, s'allongent, en file, les lavabos. Les jeunes tourneurs et ajusteurs quittent leurs complets à la mode, mais gardent leur col mou et leur cravate de soie ; ils revêtent une combinaison ou un pantalon et une veste de toile bleue qui laisse apercevoir un peu le haut du plastron de la chemise de fantaisie.

Une fois équipé, chacun gagne sa machine-outil dans l'ample vaisseau de fer et de verre, aéré et lumineux, protégé du soleil par la peinture bleue des vitres ; le ronflement des poulies innombrables se fond dans un mugissement continu, semblable à celui que produiraient, en se mêlant sans trêve, le grondement de la mer et le vent déchaîné sur les cîmes d'une forêt. Par instant, un long sifflement aigu, poussé par une pièce d'acier qui crisse sous l'outil ; ou bien la masse de métal gémit dans une plainte lamentable de bête blessée qui souffre longuement et dont l'appel désespéré domine toutes les voix de tempête avant de s'y éteindre. Beaucoup d'espace demeure libre autour de chaque machine-outil, de larges allées en séparent les longues files. Toutes les commodités pour le travail semblent réunies dans cette installation récente. Et tout de même, un de mes nouveaux compagnons, traversant un large couloir, murmure : « Ça sent la prison, ici. » Sans doute, en son souvenir, se pressent les images de la liberté dominicale, et le voici, de son rêve de repos, retombé brutalement dans les réalités de sa vie laborieuse. Peut-être aussi gémit-il de ne pouvoir dépenser son effort dans un atelier sur lequel il jetterait le regard du maître, propriétaire et chef. Il ne m'a pas révélé le secret de sa pensée. Eût-il su l'analyser ?

Je suis désigné pour le service du traçage : j'ai à peindre en blanc les parties des pièces inachevées sur lesquelles les traceurs marqueront, avec une pointe d'acier et conformément aux plans dressés par les ingénieurs, les lignes qui permettront aux mécaniciens de porter la pièce à un plus haut degré de perfection. Elle leur arrive des tourneurs et ils la livrent aux perceurs. Armé d'un pinceau, je blanchis les surfaces que l'on me désigne, pendant que, penchés sur l'inébranlable table d'acier massif, — *le marbre*, comme ils l'appellent —, les traceurs calculent, d'après les plans déroulés sous leurs yeux, la longueur et la direction des lignes qu'ils vont reproduire sur la surface peinte du métal. Parfois, j'achève leur tâche en traçant au compas les circonférences des orifices à percer et en marquant, d'un coup de marteau sur un *pointeau*, les points de repère.

Entre nous, de loin en loin, quelques paroles s'échangent à propos de notre tâche, ou bien ils me demandent où je travaillais auparavant et où je demeure. Mais ce sont brefs, rares et rapides propos, car il règne partout, dans le hall, une grande activité et tous les ouvriers, penchés sur leur machine, attentifs à bien accomplir leur besogne, semblent soucieux de ne pas perdre leur temps : ils sont payés aux pièces et leur manque de zèle réduirait leur gain en diminuant leur production.. Un moment, un des traceurs me confie que la pêche à la ligne le passionne: «...Oui ! même si ça ne mord pas de toute la journée !... Ah ! si j'avais un peu de l'argent qu'ils dépensent ici dans leurs installations et leurs agrandissements, quelle jolie maison de campagne je pourrais me payer sur les bords de l'Oise !... » Puis, il soupire : « Par le temps qui court, c'est encore dur de gagner de quoi croûter... Beaucoup d'usines ne marchent qu'à demi rendement et tous les ouvriers ne trouvent pas de l'embauche... » Et, à la pensée de la misère des chômeurs, son front se rembrunit.

L'usine donne une puissante impression de force disciplinée et féconde, d'activité intense et ordonnée. Visiblement, une même intelligence anime, meut, règle et coordonne toutes les énergies si diverses qui, laissés à elles-mêmes, rouleraient au chaos ou tomberaient dans l'inertie. A chaque machine et à l'homme qui la conduit, l'aliment est fourni sans arrêt : pas un instant n'est perdu ; toutes les forces matérielles et toutes les forces vivantes sont distribuées, groupées et tendues vers un but commun ; une pensée unique et souveraine règne, invisible et partout présente. Un seul indice de sa sollicitude vigilante : chaque pièce en cours de fabrication est munie d'une fiche où, sous la mention générale, « Suite des opérations d'usinage », sont notés : le n° de la pièce, sa désignation, le n° du plan de cette pièce, les diverses sortes d'opérations qu'elle doit subir ; et chaque ouvrier spécialiste qui la reçoit, détache de la carte, en suivant un tracé pointillé, un carré de carton qui prouve sa collaboration effective à l'œuvre commune ; par suite, aucune contestation entre les divers artisans, pas de désordre, nulle difficulté pour savoir ce qui a été fait et ce qui reste à faire ; un coup d'œil sur la fiche suffit pour fournir tous les renseignements utiles. L'opération du traçage apparaît comme intercalée entre celle du tournage et celle du perçage, les tracés des ouvriers du *marbre* servant à situer les points où la pièce doit être percée, ainsi que les dimensions des orifices ; l'ouvrier reporte sur la pièce de métal la partie du plan de cette pièce qu'il lit sur la feuille bleue où le dessin apparaît en traits blancs.

Très fréquemment, l'un des traceurs, ayant besoin d'un dessin nouveau, me l'envoie chercher au bureau, où deux jeunes filles sont chargées de distribuer les plans contre remise d'un jeton de contrôle. Ces élégantes employées se plaignent du courant d'air violent et glacé qui leur arrive par le guichet : elles n'en sont pas moins largement décolletées. Elles portent des robes courtes qui montrent une cheville mince, des bas de soie légère et des souliers découverts à talons hauts. De visages honnêtes, d'ailleurs, et gracieux, elles sont attentives et promptes, elles restent distantes et respectées.

Au cours de mes nombreuses allées et venues entre le *marbre* et le bureau des dessins, je passe sans cesse auprès d'un ouvrier mécanicien, âgé de quarante-cinq à cinquante ans : nous ne tardons pas à échanger au vol quelques propos. Un matin, il me demande l'heure : « Onze heures et demie. — Comment ! déjà ! s'exclame-t-il ironiquement. Mais le temps passe trop vite ! Aussi vrai que je m'appelle Moreau, je déclare qu'il ne nous reste pas assez de temps pour travailler ! Je réclame la journée de vingt-cinq heures !... » Et il rit, ravi de sa plaisanterie.

Une autre fois, il me souffle, rapidement : « Comment çà va-t-il finir, ces histoires de Turcs, de Grecs, d'Anglais, d'Allemands ?... — Qui peut le savoir ? — Voyez-vous, tout le mal vient de cet armistice de novembre 1918. Il fallait aller en Allemagne ! C'est en Allemagne qu'il fallait le signer ! Et se payer, d'abord !... Ils nous auraient bien fait payer s'ils avaient été vainqueurs !... Si l'on avait écouté *L'Action Française*, on n'en serait pas là... » Cette assertion devait me paraître plus surprenante par la suite, lorsqu'après bien des jours, je finis par savoir que mon interlocuteur était communiste ! Si cette parole ne fut pas jetée pour me sonder, elle ne s'explique que par le libre jeu d'une raison affranchie sur ce point des préjugés révolutionnaires et retournant se nourrir, sans respect pour les aberrations de l'utopie communiste, aux inspirations du clair génie de notre race. Au surplus, Moreau devait, les jours suivants, me tenir des propos où se mélangeaient les conclusions de ses libres réflexions personnelles et les leçons apprises dans les réunions de son Parti. Il continuait, sans se douter des pensées qu'il éveillait en moi : « ... Vraiment, pour en arriver où nous en sommes, ça n'était pas la peine de faire les sacrifices que nous avons faits ! — Si cependant, car nous avons sauvé notre existence nationale. — Bah ! » et, ici apparut la doctrine socialiste de l'opposition entre le prolétariat international opprimé et le capitalisme international oppresseur, « les Boches seraient les maîtres que nous ne travaillerions ni plus ni moins, ni autrement que maintenant. — Ah ! pardon ! ils seraient maîtres chez nous, tandis que nous y restons maîtres. Nous aurions dû leur obéir, apprendre leur langue, travailler pour eux. Et même n'auraient-ils pas chassé des provinces conquises leurs habitants français, patrons et ouvriers, bourgeois et commerçants, propriétaires et paysans, les renvoyant dans la petite France pour installer dans leurs biens, terres et maisons, mines et usines, le trop-plein de leur population ?... » Moreau garde quelques instants le silence. Puis il s'écrie : « On nous a tellement bourré le crâne !... Tenez, par exemple, avec les Américains ! Ils venaient par amitié, pour nous sauver. Et maintenant ils nous réclament l'argent prêté ! Et, tant qu'ils peuvent, ils font des affaires avec les Allemands !... Les Anglais aussi, d'ailleurs... Ah ! Lloyd George, en voilà un qui s'y entend à travailler pour la plus grande Angleterre !... Mais nous ! où y a-t-il un Français qui travaille pour sa patrie ?... » Sur ces déclarations qui traduisaient le plus pur sentiment nationaliste, il se penche vers sa machine pour en surveiller le travail, puis, relevant sur moi des yeux clairs que traverse une ombre de tristesse : « J'ai longuement connu la vie d'avant-guerre, dit-il. Comme elle était facile ! Jamais nous ne la reverrons... » Et, penché sur sa machine, il m'oublie, tout attentif à l'action de l'outil sur la pièce d'acier.

Mes compagnons habituels sont les quatre traceurs groupés autour du *marbre*. Mon travail me met surtout en rapport avec Léon. Il me charge volontiers d'achever le détail du traçage sur quelques pièces faciles : « Tenez ! vous allez les *rayonner* » (c'est-à-dire décrire des circonférences, au compas, à l'intersection de deux perpendiculaires) « et les *pointer* ». (C'est-à-dire marquer, à coups de marteau sur un pointeau, les extrémités des deux diamètres). Pendant que je « rayonne », que je « pointe » et qu'il « trace », il me confie ses soucis : « Connaissez-vous un logement à louer ? — Oh ! autant chercher une aiguille dans une meule de foin ! — C'est que j'ai des ennuis avec mon propriétaire. Il veut doubler mon loyer et mettre à mon compte les charges et tous les impôts. — Que voulez-vous ? lui dis-je. Puisque le prix de la vie a plus que triplé, il n'est pas surprenant que le prix des loyers finisse par plus que doubler. — Oui, mais j'ai été mobilisé ! — Alors, vous n'avez rien à craindre. La loi proroge en votre faveur, jusqu'au 1er janvier 1925, votre ancien bail. Vous pouvez dormir sur vos deux oreilles : le propriétaire ne peut rien contre vous. — Mais il y a sa concierge ! Elle est montée chez moi, l'autre jour, criant qu'il me fallait signer tout de suite un papier qu'elle n'apportait. Je l'ai mise à la porte. — Ne signez jamais rien sans avoir pris conseil. — C'est que je suis violent !... Je lui f... bien une balle dans la peau !... — A quoi bon ? Si vous avez la loi pour vous, faites l'économie de vos violences. Cela vous épargnera de la peine et des ennuis. Laissez dire et faire, et ne bougez pas ». Calmé et rassuré, le traceur irascible, penché derechef sur les dessins des pièces de machines, se remet à faire ses calculs, à prendre ses mesures, manier la règle et le compas et tracer ses lignes.

A la sortie, je lui dis : « Vous venez prendre l'apéritif avec moi ? — Volontiers. » Nous entrons chez le bistro voisin. Nous prenons rapidement un cassis à l'eau de seltz (soixante-cinq centimes chaque consommation) et, sur le seuil, il me quitte, en me disant : « A charge de revanche ! » Le lendemain, il me rendait, de la même façon, ma politesse.

... Je vais chercher un V (support d'acier affectant la forme de cette lettre), au premier étage d'une nef parallèle au grand hall. Du balcon en saillie dans ce hall et d'où sont chargées sur le pont roulant, qui les porte aux différents spécialistes, les lourdes pièces d'acier, le regard embrasse l'énorme vaisseau où tant d'activité ordonnée se déploie : des raboteuses, des limeuses, des mortaiseuses, des fraiseuses, des perceuses, des tours sont en action ; au faîte des murailles, à la naissance des voûtes de fer et de verre, les ponts roulants glissent sans bruit, enlevant et transportant des pièces de fonte, les descendant sur les machines qui les transformeront. En passant avec mon V auprès de Moreau : « De là-haut, lui dis-je, on a une vue d'ensemble... — Hein ? interrompit-il, quelle belle usine ? Comme tout y est admirablement compris !... Ah ! s'il n'y avait pas tant de rongeurs !... » Il n'a pas développé sa pensée : mais il entendait, sûrement, suivant l'habitude des ouvriers manuels, désigner par ce mot, les dessinateurs, comptables, ingénieurs, agents commerciaux, administrateurs et bailleurs de fonds. Ouvrier intelligent et doué d'une forte culture technique, Moreau, bien qu'il se sache incapable de fabriquer avec une machine-outil une pièce quelconque sans en avoir sous les yeux le plan détaillé, dressé par un ingénieur, reproduit par un dessinateur, classé, distribué et recueilli après communication par un employé, englobe néanmoins dans une même réprobation tous ceux qui, n'étant pas comme lui ouvriers-mécaniciens, prélèvent leur part sur les bénéfices de l'entreprise ! Aberration inconcevable et qui trahit la plus fâcheuse ignorance des conditions économiques et techniques élémentaires de la production ! Cette ignorance rend l'ouvrier perméable à toutes les erreurs et sottises que les socialistes répandent. Comment cette usine marcherait-elle sans contrôle, sans comptabilité, sans direction administrative, technique et commerciale, sans argent et sans crédit ?

La méconnaissance, que Moreau témoigne, du rôle fondamental de l'intelligence organisatrice et directrice dans le domaine de l'industrie n'est pas moindre que celle du rôle de cette même intelligence dans le domaine de la politique extérieure. Moreau, docile en cette matière aux suggestions de ses lectures coutumières, se plaint des conséquences de la diplomatie secrète : « Les Turcs veulent reprendre Constantinople et les Anglais se réclament des traités pour nous contraindre à nous battre à leur profit contre les Turcs. Vous voyez bien qu'il existe des traités secrets ! Nous ignorons tout de ce qui se passe et nous ne pouvons empêcher le mal, parce que quelques bonshommes, réunis autour d'une table, ont tout réglé sans nous demander notre avis ! On devrait consulter le peuple sur les traités projetés ! Et ils seraient approuvés ou rejetés à la majorité des voix !... » Je percevais là l'écho des théories mises en circulation par les journaux socialistes. Si la réussite d'une affaire privée, pour simple qu'elle soit, exige ordinairement la discrétion, que dire d'une affaire d'Etat et, bien plus encore, d'une affaire entre Etats ! Il y faut à la fois la compétence, la prudence, l'habileté, la continuité de vues, la permanence de l'agent de direction, la fermeté et la souplesse, l'initiative, la promptitude de décision, la sûreté de coup d'œil et, par-dessus tout cela, plus que la discrétion, le secret et le plus rigoureux des secrets. Il serait puéril et sot de contester ces vérités d'expérience. Que pourrait-il sortir de bon d'une assemblée où Moreau, ouvrier-mécanicien, et ses camarades, tôliers, tourneurs et ajusteurs, de l'usine, associés aux terrassiers, débardeurs, mariniers, zingueurs, bistrots et bougnats du voisinage, discuteraient sur l'opportunité de l'attribution de Constantinople aux Anglais ou aux Turcs et de l'alliance qu'il conviendrait que la France conclût avec les uns ou les autres sur ce point ? Et s'imagine-t-on que nos âpres concurrents, refoulant leurs convoitises et faisant taire leurs haines, attendraient avec patience et respect, dans une abstention strictement passive, le fruit des délibérations et votes du Peuple souverain, aux décisions duquel ils s'empresseraient ensuite de se soumettre ? Au surplus, nous ne savons que trop comment se fabrique l'opinion publique : il y suffit de quelques journaux habiles à faire vibrer certaines cordes qui rendent les sons auxquels se complaît l'âme des foules : « affaire » à bons rendements que des capitalistes, intéressés à de secrets profits, savent organiser industriellement !

De quelle façon les ouvriers peuvent comprendre le jeu des alliances et la sauvegarde des intérêts extérieurs de la France, un des traceurs allait m'en donner, le même jour, un exemple. Je me dirigeais vers l'usine en lisant *Le Matin*. Un des traceurs, Lambert, lecteur du *Journal*, me rejoint. Mon journal déplié nous amène, d'emblée, à parler du problème de Constantinople, si brutalement posé et de façon si aigüe, par la déroute grecque. « Oh ! me dit-il, les Grecs sont battus et il ne l'ont pas volé ! Ils nous ont traîtreusement tué des soldats à Athènes, en pleine paix et alors que nous étions leurs Alliés... » (Politique de sentiment). « Et puis, qu'est-ce qu'ils allaient faire chez les Turcs ? Les Turcs, au moins, défendent leur pays... » (Ignorance de l'histoire : ils ont conquis ce pays sur les autochtones et sur les Grecs qui leur réclament l'héritage de Byzance). « Il est vrai que les Turcs se sont mis avec les Boches contre nous : mais c'est parce que nous n'avons pas su les garder avec nous... Les Anglais, eux, veulent tout prendre. Il est vrai que leur flotte les rend maîtres des mers. Mais je dis que la France, si elle était gouvernée, eh bien ! avec sa richesse, ses colonies et son armée, elle ferait la loi au monde ! » La pensée de Lambert avait hésité, sollicitée entre des raisons sentimentales, des arguments historiques, des considérations navales, des ignorances et la conscience de la complexité du problème, pour se dégager brusquement de toutes ces difficultés par une phrase où, sous la pression du vigoureux bon sens et de la vive intelligence des gens de notre race, Lambert proclamait sa foi dans les destinées de son pays si ses admirables ressources étaient enfin mises en valeur par un véritable gouvernement. Mais il ne disait pas que la confection des traités exigeait une consultation populaire : il s'en remettait aux soins des spécialistes qualifiés à qui la machine gouvernementale serait confiée. Il croyait à la toute puissance expansive de la France « si elle était gouvernée ». Qu'un peuple et un pays, riches de tous les éléments nécessaires pour vivre dans la pleine indépendance de leur souveraineté et pour régir l'univers, en fûssent réduits à subir les pressions, menaces, chantages et outrages de leurs amis comme de leurs ennemis, il ne pouvait le comprendre que par l'absence d'un gouvernement capable d'assurer aux intérêts français leur plus magnifique épanouissement. Il est vrai que Lambert ne lit pas *L'Humanité* et n'est pas socialiste. Pendant que nous traversons le hall pour gagner le *marbre* du *traçage*, il me dit, d'une voix rapide : « Nous autres, les vieux, nous ne verrons pas des jours meilleurs. Mais je les souhaite aux jeunes... Ah ! s'ils avaient les assurances sociales ! Voilà ce qu'il faut à l'ouvrier... On avait essayé, avant la guerre, d'organiser des retraites ouvrières. Mais la C. G. T. a défendu de payer les cotisations. Alors, comment voulez-vous tirer de l'argent d'une caisse où l'on n'en verse pas ? Si la situation de l'ouvrier ne s'améliore pas, la faute en est à ces gueulards de socialistes ! Ils ne pensent qu'à la Révolution :

détruire ! — Et après ?... quand ils auront détruit ? demandè-je. — Après ?... Ben ! comme en Russie, où c'est pire qu'avant !... Déjà, rien qu'à Saint-Denis, depuis la municipalité socialiste, le budget est en déficit... En Allemagne, comme ils savaient s'organiser, les Boches ! Ils les avaient, les retraites ! Et elles marchaient bien !... Mais c'est Bismarck qui les avait faites : un homme à poigne ! Les socialistes avaient voulu protester : il les avait bouclés ! Pas plus difficile que ça !... »

Lambert ne voit pas les graves dangers qui résulteraient de l'attribution des assurances sociales à l'Etat : responsabilités financières, excès du fonctionnarisme, tyrannique omnipotence du pouvoir central. Il soupçonne encore moins tous les avantages qui ré-résulteraient de la réalisation des assurances par le corps de métier : économie et sécurité, indépendance des groupements, liberté et dignité accrues des citoyens qui les composent. En attribuant à une prohibition de la C. G. T. l'échec de la loi sur les retraites ouvrières, il passe à côté de la cause profonde : la défiance à l'égard de la solvabilité de l'Etat et l'intérêt que les futurs retraités trouvaient à ne verser leur cotisation que très peu de temps avant d'avoir droit à la retraite. temps avant d'avoir droit à la retraite. Enfin, il répète, après tout le monde et pour l'avoir entendu mille fois redire, que « les Boches savaient s'organiser » : mais il ne se rend pas compte qu'il leur était facile de le « savoir », dès lors qu'appliquant les principes fondamentaux de l'organisation sociale, ils acceptaient un gouvernement organisé et organisateur, qui permettait à l'intelligence et à l'énergie d'un homme, comme Bismarck, de porter le maximum de ses fruits. Il reste que Lambert a clairement conscience de la nocivité du socialisme dans une commune ou dans un Etat et qu'il le déteste.

Comme je le rencontre de nouveau, après déjeûner, en me rendant à l'usine : « Eh bien ! me dit-il, est-ce que lés inscrits maritimes vont faire grève parce qu'on leur supprime la journée de huit heures ?... L'opinion ne les suivra pas. On sait qu'en cas de tempête, travailler plus de huit heures est une nécessité. La durée du travail est imposée par les exigences du métier... » Mais il ne s'élève pas jusqu'à cette conclusion qu'il appartient au métier de dégager le rapport qui existe entre ces exigences professionnelles et cette durée du travail. « ... Ainsi, poursuit-il, à la campagne, la journée de huit heures est impossible : on travaille quatre heures en hiver et seize heures, s'il le faut, en été ; tout cela dépend de la longueur du jour, de l'état du ciel et de l'abondance de la récolte.» — Soit ! « Mais — objectè-je, pour voir comment il sortirait de la difficulté — dans l'industrie, c'est l'homme qui fait le jour et la nuit et fixe l'étendue de la récolte. » — « C'est juste, déclare Lambert ; dans l'industrie, c'est une autre affaire ; on y est certes plus libre de fixer la durée du travail et de la réduire à huit heures. » « Mais — poursuit-il, dégageant un important élément de ce problème complexe — encore faut-il tenir compte de la concurrence des autres nations : le pays qui pratique les huit heures n'est pas nécessairement mis en état d'infériorité, mais il peut y être amené... « Ah !

s'écrie-t-il — subordonnant ce problème particulier à un problème plus général — si nous voulions, la France se suffirait à elle-même ! Le Français est intelligent et la France, même ruinée comme elle l'est depuis la guerre, reste riche : avec ses colonies, elle n'a besoin de personne ! Et ses colonies, elle n'en fait rien ! L'organisation de nos richesses et de notre production, c'est affaire de Gouvernement, ça relève de la politique. Mais, notre politique, ah bien ! elle est jolie !... Et d'abord, c'est notre mauvaise politique qui nous a valu la guerre... »

Nous étions arrivés dans le hall et, au milieu de cette dissertation où le mouvement de sa réflexion l'avait conduit à voir la dépendance des solutions économiques par rapport au pouvoir politique organisé de façon à rendre l'activité gouvernementale féconde en résultats heureux pour la prospérité nationale, il me quitta pour se rendre à son vestiaire situé tout à l'opposé du mien.

Cette question des huit heures préoccupe tous mes camarades. Mon voisin de vestiaire, pendant que nous nous habillons, m'en parle sur un ton de tristesse résignée : « Que l'on supprime la journée de huit heures dans la marine et dans les campagnes », dit-il, lui aussi, « je le comprends. Il y a des nécessités particulières dans ces deux cas. Mais dans les usines ? Huit heures, c'est la bonne affaire pour les ouvriers : celui qui possède un petit jardin » (le cas est très fréquent dans la banlieue) « a le temps de le cultiver un peu chaque jour et tout le monde peut faire ses petites courses. Avec la journée de dix heures, on ne peut songer, le travail terminé, qu'à manger et dormir, vivre comme des bêtes, quoi ! — Bah ! lui dis-je, on ne touchera probablement pas à la journée de huit heures des mineurs. Alors, touchera-t-on aux huit heures des ouvriers d'usine ? — Espérons que non. Que ceux qui veulent travailler plus de huit heures soient libres de le faire, si cela leur convient ! Mais rien de plus !... »

Au sortir du vestiaire, je passe à côté de Moreau, déjà prêt à mettre sa machine en marche. Il m'interpelle : « Eh bien ! quoi ! c'est l'offensive générale contre la journée de huit heures ?... Et ils vont nous la reprendre !... Ah ! s'ils font ça, je lâche la mécano !... »

Sur le mur, non loin de Moreau, je remarque, écrit en lettres capitales, à la craie, un « Vive Daudet », qui me stupéfie en ce lieu où, quinze jours plus tôt, lors de la grève de protestation de 24 heures, ordonnée par la C. G. T. unitaire (c'est-à-dire communiste) à la suite de la répression sanglante de la grève du Havre, près des deux tiers des ouvriers s'abstinrent de venir travailler.

A peine suis-je arrivé au *marbre* que Léon m'envoie chercher une *élingue* (câble de corde). Je la rapporte. « Tenez ! » me dit-il. Et, d'un coup d'œil, il me montre Dubois et Lambert. « Celui-là est épicier et celui-ci propriétaire. Moi, si j'avais dix mille francs, j'achèterais de la terre sur les bords de l'Oise et je m'y ferais bâtir une maison. Mais je n'ai pas encore assez d'argent. Jusqu'ici, je me suis toujours tiré d'affaire ; j'ai toujours bien gagné ma vie ; je reste deux, trois ans même, dans une usine. Mais si le travail est le travail, ça n'est pas une raison pour faire plus qu'on ne doit. La loi nous accorde la journée de huit heures, heureusement ! Je refuse toujours de faire des heures supplémentaires. Si les patrons ont besoin de monde, ça n'est pas ça qui manque... : tous les jours, il en vient à l'usine demander du travail. Q'on leur en donne, s'il y a des commandes qui pressent !... Je suis un ouvrier consciencieux : je ne perds pas mon temps, je fais ce que je dois faire. Mais les huit tirées, ça suffit... » Et, saisissant une équerre d'acier et son *trusquin* (1), il s'applique à reproduire le tracé du dessin sur la surface blanchie d'un corps de pompe.

Le traceur Bernard est un gros homme placide et taciturne, âgé d'une quarantaine d'années. Il nous dit posément : « La guerre va recommencer » (2). Le grand et sec Lambert se redresse vivement, pose sur le *marbre* règle et compas et s'écrie : « Ça, non ! par exemple ! c'est impossible ! inadmissible ! Pour faire la guerre, il faut des hommes et de l'argent. Eh bien ! nous n'avons plus le sou ! et, des hommes, la guerre vient de nous en tuer trois millions ! — Quand il s'agit de faire la guerre, objectè-je, on trouve toujours des prêteurs, mais à des taux usuraires. Voyez plutôt les Etats des Balkans avant 1914...

(1) Semelle de métal portant une tige sur laquelle se meut une pointe fixée par une vis ; cet instrument, posé sur le *marbre*, permet d'exécuter un tracé sur la face perpendiculaire d'une pièce, en demeurant toujours à la même distance de cette pièce.

(2) A la suite de la défaite des Grecs et de la défense par les Anglais aux Turcs victorieux d'approcher de Constantinople.

— Non ! interrompt impétueusement Lambert. La guerre est impossible maintenant ! Qui donc nous prêterait ? Les Américains trouvent déjà qu'ils ne nous ont que trop avancé des capitaux... Et puis, la guerre, on l'entreprendrait encore pour les autres ! Nous l'avons toujours faite pour les autres, tellement nous sommes des poires ! Oui, depuis les temps de la Gaule, nous nous sommes toujours battus pour les autres peuples ! Ainsi, Napoléon n'a fait que cela (1). C'est lui qui a brouillé les cartes de l'Europe et mis partout le gâchis. Il a laissé la France dans un joli état ! (2). Et dire qu'il y a des gens qui l'admirent et qui se découvrent devant son tombeau ! Moi, je dis que Napoléon est une saloperie ! une saloperie ! lui et toute sa race ! Et je les mets dans le fumier !... »

Lambert baisse le nez sur le plan de poulie étalé devant lui, mais pour redresser la tête aussitôt : « Si la France était bien gouvernée, elle serait la première nation du monde, la maîtresse de tout l'univers !... Seulement, voyez-vous, la politique et les politiciens, c'est de la pourriture ! Ah ! ils sont propres, nos députés !... C'est vrai que c'est de notre faute, à nous autres électeurs. C'est triste à dire, mais c'est comme ça... Dans les réunions électorales, il n'y a pas moyen

(1) On voit que, pour Lambert, ancien bon élève de l'école primaire officielle, l'histoire de France commence à la Révolution. Après « les temps de la Gaule », vient celui de la Révolution et de Napoléon. Il ignore toute la période intermédiaire.

(2) Si son ignorance de l'histoire de France lui interdit de rendre justice à la monarchie française, son intelligence et son jugement lui permettent d'apprécier à sa valeur exacte l'œuvre de Napoléon.

de discuter sérieusement les choses sérieuses... Et il y en a qui proposent comme remède de faire la Révolution ! La Révolution ? Ce serait pis que tout !... On trouve des éléments révolutionnaires parmi les ouvriers, c'est sûr. Mais il y a aussi des éléments intéressants. Pourquoi ne s'appuie-t-on pas sur eux pour gouverner ?... » Et, reprenant mètre et compas, Lambert exécute ses tracés sur la pièce blanchie qui l'attend.

Un peu de temps se passe. Lambert me confie tristement qu'il travaillait depuis onze ans dans la même usine ; à la suite d'une crise de la production, le personnel ayant été réduit des trois quarts, il avait été congédié. Victime de l'instabilité de la vie ouvrière inorganisée, il s'était trouvé sur le pavé, mais, presque aussitôt, avait eu la chance d'être embauché dans cette fabrique de pompes ; il est vrai qu'il avait dû y accepter l'emploi de simple traceur au lieu du poste de chef d'équipe qu'il venait de perdre.

Bernard, à ce propos, ajoute tranquillement : « Un copain me conseille d'aller à Saint-Ouen, dans une bonne usine qu'il connaît et où l'on embauche à bureaux ouverts. Je viens justement d'acheter un terrain sur la route de Saint-Ouen pour m'y construire une maison. Mais l'usine se trouve à plus d'une lieue au delà... et, dame ! cinq à six kilomètres de bécane, matin et soir, l'hiver, sous la pluie, non ! Prendre le tramway, c'est trop coûteux. Et puis, c'est perdre trop de temps... Moi, quand je me trouve bien où je suis, j'y reste ; quand je ne me plais pas, je pars. » Et il se remet à prendre ses mesures avec sa règle et son équerre. Il reste.

Lambert ne se console pas de la brutale mise à pied dont il a été l'objet. Ce souvenir le harcèle. S'arrêtant une minute de manier son décimètre et son compas, il reprend : « Leurs bons ouvriers, les patrons ne savent pas toujours se les attacher et les garder. Ils les débarquent du jour au lendemain pour réaliser des économies sur leur personnel... J'en sais quelque chose !... Après onze ans de service !... Et je n'étais pas seul dans ce cas ! D'autres vieux ouvriers ont été congédiés : l'un d'eux y travaillait depuis trente ans !... Sur le pavé, du jour au lendemain !... Et les patrons se plaignent qu'il y ait des révolutionnaires !... Mais ce sont eux qui les font !... » Lambert n'a pas obéi à ce mouvement d'humeur, et, malgré la mesure dont il a souffert, il n'est pas devenu socialiste, loin de là ! Il est propriétaire d'une maison qu'il loue et d'un terrain où il se propose de faire bâtir. « Si on ne finit pas », me dit-il un jour, en levant sa règle et son compas, « par annexer la Rhénanie, je n'y comprends rien !... Je ne suis pas réactionnaire. Mais je dis qu'il faut en venir là. Ça et que les Allemands soient forcés de payer, et vous verrez comme la France se relèvera vite !... Et puis... je ne suis pas réactionnaire, ... mais c'est quand les possédants gouvernent que les affaires publiques marchent bien, parce qu'ils y sont intéressés. Tandis que, si ce sont des galvaudeux qui sont les maîtres, comment voulez-vous que ça marche ? Ils n'ont rien à perdre ! Ils se f... de tout !... » La masse ouvrière sera intéressée à ce que tout marche bien le jour où elle aura pris rang parmi les possédants, grâce au patrimoine collectif des corps professionnels s'ajoutant aux biens individuels et familiaux que ses membres, guidés par les principes sûrs dans lesquels ils auront été élevés, aidés aussi par une législation protectrice, auront réussi à acquérir et à conserver.

Un autre jour, se rendant du vestiaire au *marbre*, Lambert me disait : « Je ne crois pas que l'Angleterre fasse la guerre aux Turcs. Elle a peu de soldats et ses soldats ne valent pas cher : on l'a bien vu sur le front français, pendant la guerre ! Il n'y a pas à dire : il n'y a que le soldat français qui s'est bien tenu, qui a été épatant... Je ne dis pas ça par chauvinisme. Je ne suis pas chauvin. Mais c'est la réalité. C'est même étonnant que le soldat français ait si bien marché après tout ce qui s'est passé avant la guerre. C'est toujours cette sale politique qui gâte tout ! Jusque dans les rapports entre patrons et ouvriers ! Je sais bien que, si l'on n'a plus besoin de vous, on vous débarque du jour au lendemain sans crier gare : plus de travail, allez ! Débauché ! C'est comme ça que j'ai dû quitter l'usine où je travaillais depuis onze ans. C'est dur pour les ouvriers. Mais enfin, ça n'est pas une raison pour ne pas chercher à être mieux traité, au contraire ! Seulement, il faut pour cela se placer sur le terrain professionnel et non sur le terrain politique. Mais, ici, le personnel choisit, pour le représenter auprès du patron, des braillards de vingt-trois ans, qui font partie de la Jeunesse communiste de Saint-Denis ! Alors, comment voulez-vous que ça aboutisse à quelque chose ? Quand les patrons voient ça, comment peuvent-ils être bien disposés ? On s'aigrit de part et d'autre et l'on n'aboutit à rien... » Moreau, auprès de qui nous étions passés, avait saisi au vol quelques mots. Peu après, m'apercevant dans le hall, il me fait signe. Je vais à lui. Il me demande, curieux et narquois : « Qu'est-ce qu'il vous disait donc, *l'âme de bourgeois* ?... Car Lambert a une âme de bourgeois... Il parle contre lui-même ! Il a pourtant été mis dehors par des patrons chez qui il travaillait depuis onze ans ! Calotin, va ! Pouilloteux ! — Il me disait, d'abord, ne pas croire à la guerre entre Anglais et Turcs... — Ah !... Dire que, depuis vingt ans, il ne boit que de l'eau pour entasser des sous ! Le dimanche, il se lève à une heure du soir pour se passer de déjeuner et économiser de quoi bâtir une maison ! Ah ! Ah ! Ah !... Il n'a pas d'enfants. Il est seul. C'est un égoïste. Il ne pense qu'à l'argent. Eh bien ! il le deviendra, riche ! Mais, quand il sera riche, il aura atteint l'âge de mourir ! Ah ! Ah ! Ah !... Et il vous parle d'une nouvelle guerre ? Eh bien ! s'il y en a encore une, *ils* peuvent la faire ! mais pas moi !... Je l'ai faite, la dernière guerre ! J'étais auxiliaire ; j'ai demandé à passer dans le service armé ; j'ai passé trois ans dans les tranchées, et puis, j'ai été réformé... Ah ! la guerre ! *ils* voudraient bien la faire encore! Mais, *ils* n'osent pas!... »

Le communiste Moreau a volontairement passé trois ans dans les tranchées : il est tout aussi patriote que l'anti-communiste Lambert. Et le communiste Moreau est propriétaire, tout comme l'anti-communiste Lambert : il possède un terrain et il négocie en ce moment l'acquisition d'une maison en bois qu'il se propose de monter lui-même, à ses moments de loisir : « Je la blanchirai extérieurement au lait de chaux, tous les ans. A l'intérieur, je n'y mettrai pas de papier — c'est le refuge de la vermine —, mais je la peindrai de couleurs claires, bleu ciel ou vert pâle, lavables, de façon à maintenir les chambres dans un grand état de propreté. »

Lambert et Moreau se ressemblent encore par l'absence de toute religion. Quand je rejoins, autour du *marbre*, Lambert, il est encore tout agité par les menaces qui nous arrivent d'Orient : « Ah ! la saloperie de politique ! s'écrie-t-il. Grecs ou Turcs, aussi intéressants les uns que les autres ! Ils ne pensent qu'à incendier et massacrer. Et tous les Balkaniques sont à mettre dans le même sac !... C'est comme les partis politiques, chez nous : aussi mauvais les uns que les autres ! Quand un parti succède à un parti, il ne fait pas mieux, il fait pire... C'est comme les religions : le christianisme était très bien dans ses principes, à l'origine... Je dis ça, ce n'est pas parce que je suis chrétien : je ne suis pas chrétien, je ne suis pas baptisé... Mais après, quand il triomphe, le christianisme se fait persécuteur avec l'Inquisition, les catholiques chassent en Allemagne les protestants, l'élite de la nation » (cliché retenu des manuels officiels de l'école primaire et du lycée) « et, là où ils sont les maîtres, les protestants oppriment les catholiques. Et les libres-penseurs font de même... Ah ! voyez-vous, l'homme c'est l'homme, toujours pareil... » Dans son scepticisme généralisé par lassitude, Lambert confondait le droit de défense de la foi et le droit de discipline sur ses adeptes, que le catholicisme exerça, avec la persécution en vue de convertir par force, qui fut seulement le fait de l'Islam, du protestantisme, des schismatiques orientaux, voire des libres-penseurs modernes.

J'ai fini par m'apercevoir, à la longue, que le mécanicien Moreau lisait assidûment *L'Humanité, journal communiste du matin*, et Durand, son voisin de machine, *L'Internationale, journal communiste du soir*. Cependant, Durand m'a fait, un jour, spontanément, une remarque qui s'accorde bien mal avec ses convictions internationalistes. Un camelot vendait devant la porte de l'usine, à l'heure de la rentrée de l'atelier, une douzaine de crayons pour un franc, avec une prime, et beaucoup d'ouvriers en achetaient. Durand rentre, furieux : « A ce prix-là, ces crayons — qui sont bons ! — ne peuvent être que de la marchandise allemande ! Et en plus des crayons, une prime ! une pochette contenant quatre cartes postales et quatre enveloppes ! Tout ça pour vingt sous !... Vous verrez qu'ils finiront par donner en prime le portrait de Guillaume et que tous les Français l'achèteront !... » Durand hausse les épaules, de pitié. Comme Moreau et malgré les journaux communistes, Durand reste patriote, sans savoir pourquoi ni comment et sans même s'en douter ! Ainsi, malgré l'influence des forces de perversion, la droiture et l'intelligence de la race reprennent le dessus dès que l'homme est laissé à lui-même, face aux réalités. Que ne ferait-on d'un tel peuple, si les puissances de progrès dépensaient pour lui la dixième partie de l'effort que donnent les puissances de ténèbres ! Durand et Moreau, naturellement intelligents et travailleurs, offrent un mélange de sagesse et de folie : ils voient juste, par éclairs, raisonnent droit, par instants, puis leur pensée se voile et ils restent attachés au parti de la Révolution dont ils attendent, pour leur pays et pour eux-mêmes — sans tirer de l'effroyable leçon russe ses enseignements — le bonheur !

Beaucoup d'autres ouvriers de l'usine ne diffèrent pas de Moreau et de son voisin : quelque tranquilles qu'ils se montrent à cette heure, de secrètes affinités les rattachent au communisme. Le feu couve toujours sous la cendre et le souffle des événements peut en réveiller la flamme. De temps à autre, un ouvrier vient à Moreau, lui dit quelques mots et lui remet de l'argent. C'est la souscription pour les grévistes du Havre qui, très secrètement, se poursuit. Moreau me montre une liasse de billets : cinq cents francs qu'il vient de réunir et qu'il va expédier ; il a déjà envoyé quinze cents francs. Les uns ont donné par conviction révolutionnaire ; les autres, simplement dans un esprit de solidarité, pour des camarades dans le besoin (1). Les premiers sont du « Parti » : ils se connaissent, correspondent entre affiliés, constituent l'armature secrète de la résistance et de l'action. Les autres subiront, à un moment donné, l'inévitable

(1) Précédemment, une liste de souscription en faveur d'un camarade malade a circulé dans l'usine et chacun s'est inscrit pour cinquante centimes. Le sentiment de la solidarité ouvrière est vif et profond : ils ont tous, les uns pour les autres, une charité active.

pression qu'exerce un groupe cohérent sur une masse amorphe. D'une façon générale et au premier aspect, le hall offre les dehors d'un atelier modèle, peuplé d'ouvriers excellents, tout à leur tâche, qui n'étalent pas de journaux subversifs et ne tiennent pas de discours incendiaires ; sur les événements du jour, d'ailleurs géographiquement lointains, ils émettent, laissés à leurs réflexions personnelles, des opinions sensées et modérées, qu'inspire souvent le plus pur esprit français. Mais, peu à peu, se décèlent des fissures par où passent les gaz délétères et l'on s'aperçoit qu'il subsiste des foyers d'intoxication. Comment en être surpris ? On ne détruit que ce que l'on remplace. Tant que les ouvriers ne jouiront pas d'un statut organisateur qui leur permette de sauvegarder leurs intérêts, d'améliorer leur sort matériel, de supprimer l'insécurité de leur vie au jour le jour, de leur assurer la participation à la propriété, ils auront toujours tendance à écouter complaisamment les avocats de la Révolution et à chercher dans la lune la justice qu'ils ne trouvent pas sur la terre. Que l'on ne s'imagine point que ces problèmes se résolvent par la force : la force appelle la violence et la haine. Une répression nécessaire peut parer à un danger immédiat et, dans une crise, sauver d'un péril passager : mais le problème reste intact et les causes profondes de cet état de choses intolérable continuent d'agir. Le remède doit être tel qu'il satisfasse le sentiment (que la dignité humaine de l'ouvrier reste sauve) et la justice (il est inadmissible que le capital soit organisé et non le travail). Quelle que soit la solution réalisée, il y aura toujours des occasions de conflit : mais ils ressortiront au jeu normal des forces sociales ; des conflits se produisent constamment entre les producteurs concurrents et entre les producteurs et les acheteurs, sans provoquer une guerre, sans se résoudre dans le désordre et la violence ; il en irait de même dans une société vraiment organisée, lorsque des difficultés surgiraient entre patrons et ouvriers au sujet des salaires et des heures de travail.

Par exemple, les salariés se montrent très attachés à la journée de huit heures, sans d'ailleurs se refuser, pour la plupart, à faire une heure supplémentaire, plusieurs jours par semaine. Quelques-uns cependant craignent que cette pratique ne finisse par porter atteinte au principe de la loi ; un matin, je lis sur le mur de la cour, cette inscription, à la craie : « Ceux qui font des heures supplémentaires sont des imbéciles ou des lâches. » Une main a ajouté : « Très bien. » Le lendemain, l'inscription avait été effacée. Un des ouvriers de l'usine me donne la raison de son refus de faire des heures supplémentaires : « Le contre-maître m'a demandé si je viendrais cet après-midi. Ah ! non ! aujourd'hui samedi, nous avons le bénéfice de la semaine anglaise : j'entends en profiter. En travaillant comme je travaille, je gagne bien ma vie. Alors, je ne veux pas prendre le pain de ceux qui cherchent du travail. Puisque l'ouvrage presse, qu'ils embauchent davantage de monde. Les chômeurs, ça n'est pas ça qui manque... Je ne suis pas bolcheviste, je ne suis pas communiste. Mais j'estime qu'il ne devrait pas y avoir d'oisifs, des oisifs que nous engraissous, nous autres ! Tous devraient travailler, parce que le travail est la loi de ce monde. Et puis, j'estime que l'ouvrier qui travaille doit pouvoir gagner sa vie honorablement... Mais, avec leurs impôts sur les salaires !... C'est encore les députés qui ont voté ça ! Ils se sont bien gardés de frapper d'impôts leurs 27.000 francs de traitement !... C'est des riches de la guerre, eux !... Quant à ceux qui ont gagné des vingt et quarante millions, ils devraient en donner dix-neuf ou trente-neuf ; ils en garderaient un pour eux ; ça serait déjà joli... Il y a aussi des ouvriers qui ont gagné beaucoup d'argent pendant la guerre... Allons ! c'est bon ! puisque le contre-maître m'a demandé de faire des heures supplémentaires, eh bien ! je lui en ferai deux, la semaine prochaine. Mais pas plus... Ce que je crains, voyez-vous, c'est qu'après nous avoir fait faire cinquante-quatre ou soixante heures par semaine, au lieu de quarante-huit, on nous paie le même prix que maintenant pour quarante-huit... Alors, vous comprenez... »

Le traceur-épicier Dubois a accepté, pour une quinzaine de jours, de faire deux heures supplémentaires chaque soir. Mais il ne veut pas sacrifier l'après-midi dont la pratique de la semaine anglaise lui donne le droit d'user librement : « Ça, c'est impossible ! Vous comprenez : je tiens une épicerie-débit ; j'ai absolument besoin de mon après-midi du samedi pour faire ma comptabilité et tirer mon vin. Je continue de pratiquer mon métier de mécano pour gagner un petit capital de roulement ; lorsque je l'aurai acquis, je lâcherai l'atelier. Songez que je travaille chez moi, le soir, avec ma fille, jusqu'à onze heures, et il faut que je sois debout à six heures pour venir faire ma journée à l'usine. Ma femme et mon fils, eux, se lèvent à quatre heures du matin pour servir les ouvriers de l'usine voisine qui prennent leur café ou consomment du vin ou de l'eau-de-vie avant de commencer leur travail. En une heure, à ce moment-là, mon commerce m'a rapporté plus d'argent qu'il ne m'en rapportera dans la journée. Et mon fils est ajusteur : après avoir servi les clients, il court à son usine... » Voilà un exemple intéressant de famille ouvrière intelligente, active, laborieuse, qui se tire d'affaire par un prodigieux effort. Mais, tous les ouvriers ne peuvent être épiciers-débitants ni toujours trouver auprès de leur femme et de leurs enfants une collaboration aussi parfaite.

Peu de jours après mon arrivée, un employé est venu m'avertir du taux du salaire de manœuvre qui m'était alloué : un franc cinquante centimes l'heure, et, en outre, une prime de quarante-cinq centimes par heure de travail. A peine le scribe a-t-il tourné les talons que les traceurs et les mécaniciens voisins se hâtent près de moi : « Combien vous paie-t-on ? » Je satisfais leur curiosité, et ces ouvriers spécialisés, qui gagnent de trois francs trente centimes à quatre francs l'heure, s'attristent : « Cela fait trente-neuf sous de l'heure, murmurent-ils : c'est peu ». L'un d'eux, ayant griffonné quelques chiffres sur un morceau de papier : « Quinze francs soixante pour huit heures ! Allez donc vivre, aujourd'hui, avec quinze francs par jour !... Vous avez des enfants ? Non. Tant mieux. Mais seul, quand même, quinze francs, c'est pas commode de s'en tirer... » « Vous ferez mieux de chercher une meilleure embauche », conseille un autre. Et un troisième murmure : « Voudraient-ils commencer à faire la baisse des salaires ? Et puis, si on se plaint de ne pouvoir gagner sa vie, ils diront : Travaillez dix heures !... Si c'est ça, moi, je prends une petite voiture et je vends des légumes ! Je lâche la mécano !... »

A la fin de cette matinée-là, comme nous serrons nos outils, Lambert, qui me veut du bien, me glisse dans l'oreille : « Si vous restez, vous vous mettrez peu à peu à faire les tracés, comme nous... Quand on est intelligent, on apprend... Vous seriez mieux payé... Et vous êtes comme les autres : vous avez besoin de gagner votre vie... »

Mon salaire de manœuvre est inférieur d'un franc à celui que je touchais, en cette qualité, il y a deux ans, à l'usine du XIIIe arrondissement. Il est le triple du salaire correspondant d'avant-guerre. Le prix de la vie, en 1922, ayant largement triplé par rapport à 1914, le rapport entre les recettes et les dépenses ouvrières reste approximativement le même. Je touche 93 fr. 60 par semaine, soit 4.680 francs par an pour trois cents jours ouvrables. Le logement et la nourriture me reviennent à dix francs par jour, soit 3.650 francs par an. Il me reste 1.030 francs pour le vêtement (1), la chaussure, le linge, le blanchissage,

(1) Aux étalages de la Grand'Rue, une casquette est affichée au prix minimum de 12 à 15 francs ; un complet-veston de drap-coton, 130 francs ; un pantalon, à partir de 30 francs ; les chaussures, de 40 à 100 francs ; la veste et le pantalon de toile bleue pour le travail, 20 francs.

l'éclairage et les menues dépenses indispensables. Aucune économie n'est donc possible.

La paye a lieu chaque semaine, le mercredi, de façon simple, rapide et discrète : le matin, une fiche est remise à chaque ouvrier, lui indiquant le décompte de ses heures et la somme due ; si ce relevé est inexact, l'intéressé peut formuler sa réclamation ; le soir, le salaire est remis, sous enveloppe fermée, par le chef d'équipe à chacun de ses ouvriers.

Grande est l'activité déployée par ceux-ci. Jamais on ne m'a donné ni je n'ai entendu donner le moindre conseil de grève perlée ou de travail ralenti, comme il était habituel avant-guerre et comme, après-guerre, je l'ai encore constaté dans l'équipe des manœuvres à l'usine du XIIIe arrondissement. Il est vrai qu'ici les ouvriers, étant payés aux pièces et tenant pour satisfaisant le tarif auquel ils sont payés, n'ont que des motifs d'activer la production.

Léon est un fervent de la pêche à la ligne : « J'y reste volontiers une journée entière. — Même quand ça ne mord pas ? — Même quand ça ne mord pas. — Même sous la pluie ? — Même sous la pluie ». Un dimanche cependant, il a saisi l'occasion qui s'offrait de prendre une autre distraction : « Je me suis promené dans le side-car d'un copain. C'est un chouette instrument. Quand j'aurai des sous, je m'en paierai un... » Puis : « Il y a eu une rixe, près de chez vous, hier à la fin de l'après-midi, entre deux types. Ah ! il y en a un... ce qu'il a ramassé !... »

Je dis à Léon que je viens de voir sur *Excelsior* une gravure représentant les essais d'un nouveau pare-boue que le préfet de police aurait l'intention d'imposer aux autos pour qu'elles n'éclaboussent plus les passants : « Il y a longtemps que c'est inventé ! s'écrie Léon. Mais, comme c'est un ouvrier qui l'a inventé, ça n'est pas près d'être adopté !... » (1)

Me rendant à l'usine après déjeûner, je fais route avec Léon. Nous voyons venir à notre rencontre, à toute vitesse, de grandes autos chargés de gens qui se rendent aux courses de Chantilly : « Ah ! tas de vaches ! s'exclame Léon. Aller perdre son temps et son argent aux courses ! Ah ! bien ! si j'avais de l'argent, ça n'est pas moi qui irais aux courses !... si j'avais de l'argent, je le garderais pour secourir mon prochain... les gens malheureux... » Comme nous nous dirigeons, les grilles de l'usine franchies, sur le vestiaire, il gémit : « Et dire qu'avec l'impôt sur les salaires, nous payons trois ou quatre fois plus sur le revenu de notre travail que l'oisif ne paie sur le revenu de ses immeubles ou de ses valeurs !... Ah ! sûrement qu'il vaut mieux naître doré !... » Les ouvriers croient, sur la foi des affirmations que les socialistes ont mises en circulation, qu'à revenu égal, le salarié paie un impôt sur le revenu plus élevé que celui du rentier ou du propriétaire.

Un jeune Breton, apprenti d'une quinzaine d'années, vient travailler au *marbre* avec les traceurs. Il se montre fort poli, et Lambert en reste frappé d'admiration et de stupéfaction, disant qu'il « n'en a pas

(1) V. dans *Deux chauffeurs conducteurs*, l'opinion des salariés sur ce qu'il advient habituellement du droit de propriété de l'ouvrier inventeur.

vu souvent comme ça ! ». C'est un garçon intelligent et très assidu à son travail, au point de toujours trouver que le temps passe vite à l'atelier et d'exprimer sa surprise que l'heure de partir sonne déjà.

Souvent, un manœuvre passe près de nous, transportant des pièces sur un petit chariot. J'apprends de lui qu'il était propriétaire-cultivateur en Picardie. « Pendant l'invasion, m'explique-t-il, j'ai été évacué. Ah ! la guerre, elle a ruiné plus de gens qu'elle n'en a enrichis : on a tellement perdu d'argent avec les rentes russes, ottomanes, hongroises ! Ma femme est tombée malade ; je n'avais plus de capitaux pour faire de la culture (1); alors j'ai loué mes terres et je suis venu travailler ici. Mais, un jour ou l'autre, je retournerai à la culture. En attendant, j'ai acheté une maison dans la banlieue et j'y demeure. Je ne perds pas dessus ! En 1919, je l'ai achetée 11.000 francs, et je pourrais la revendre 30.000 aujourd'hui. » Intelligent, observateur, raisonneur, laborieux, ce Picard à l'œil vif s'est vite habitué à la vie d'usine ; il se montre content de son emploi, surtout, dit-il, depuis qu'il ne dépend plus que d'un seul et même chef d'équipe : « Au début, il y en avait trois ou quatre qui pouvaient me commander, de telle sorte que je ne savais où donner de la tête pour les satisfaire ; je n'y parvenais pas plus qu'il n'arrivaient à s'entendre. Pour que tout marche bien, il faut qu'un seul commande ». Remarque profonde, que lui dicte son expé-

(1) Ce paysan, élevé à l'école des réalités, sait et comprend ce que l'ouvrier, généralement, ignore ou ne comprend pas : la nécessité et la bienfaisance du capital.

rience de la culture et de l'usine, et qui ne vaut pas seulement pour l'équipe agricole ou industrielle, mais pour toute collectivité et pour l'Etat lui-même. Parce qu'il a été chef d'exploitation rurale, ce Picard comprend la nécessité et le rôle du chef d'entreprise. Il rend hommage à l'activité ordonnatrice de l'ingénieur qui dirige l'usine : « Ah ! fait-il en hochant la tête, il en a du mal! Quel travail ! et quelle responsabilité !... Il gagne peut-être quatre fois plus que moi et je ne voudrais pas être à sa place... — Mais quand vous cultiviez vos terres, vous étiez chef et vous aviez mêmes peines, mêmes responsabilités... — Sans doute. Mais c'était mes affaires, tandis que lui, ce sont celles des autres ».

Ce paysan comprend l'usine aussi bien dans ses nécessités supérieures que dans ses exigences inférieures, parce qu'il a lui-même exercé l'autorité et connu les soucis qu'engendrent les responsabilités du propriétaire et du chef exploitant. L'ouvrier, s'il participait à la propriété et au gouvernement de la propriété, connaîtrait le même état d'esprit. Encore ne lui suffirait-il pas pour cela d'avoir acquis sa maison : il faudrait, en outre, qu'il fût devenu co-propriétaire du patrimoine collectif de son corps de métier ; et sans doute serait-il à souhaiter que le métier ne possédât pas que des immeubles, mais aussi une certaine quantité d'actions industrielles.

Si le paysan picard, simple manœuvre, mais ancien patron, s'élève sans peine à la perception et la compréhension du rôle de l'intelligence et du commandement dans l'organisation et le fonctionnement de l'usine, les ouvriers mécaniciens, qui ne comprennent bien que les rouages de la machine qu'ils conduisent et la nécessité de leur activité directrice personnelle, apprécient en professionnels avertis la perfection des produits auxquels ils ont partiellement collaboré. Lambert, faisant son tracé sur un corps de pompe, s'écrie avec satisfaction : « Et ce qu'il y a de mieux, c'est que c'est déjà vendu ! Et avec combien d'autres ! » Tous ces tôliers, fraiseurs, tourneurs, raboteurs, aiment leur métier et admirent dans l'usine sa belle installation, son bon fonctionnement et la perfection des machines qu'elle fabrique. Une pompe géante vient d'être achevée et montée ; on procède aux essais ; un à un, sous un prétexte quelconque, ils s'arrangent de façon à gagner le hall où elle se dresse pour l'entrevoir un instant, et ils reviennent à leur poste, poussant des exclamations de satisfaction admirative. Ils s'intéressent aux effets de l'œuvre commune. Que ne ferait-on pas de ces hommes, s'ils étaient pourvus d'un statut ouvrier, munis de l'organisation que les faits et la raison réclament, dotés d'une Constitution professionnelle, si leur Corps de Métier était devenu assez riche pour les mettre à l'abri des surprises de la vie et de l'âge, pour les éduquer, les instruire et les enrichir ! L'esprit révolutionnaire n'a d'autre origine que le fait de l'inaccessibilité de la propriété pour l'ouvrier condamné à l'isolement et à l'incompréhension de ses intérêts véritables. Le paysan exclu de la propriété tend à devenir un élément social perturbateur ; le paysan propriétaire est devenu un élément stabilisateur. Il en va de même et il en ira de même de l'ouvrier.

Lambert me dit encore : « ... Ils viennent de mettre en mouvement une scie en fer doux à marche ultra-rapide qui vous coupe un arbre d'acier, plus gros que les deux bras, en trente secondes ! Je viens d'y jeter un coup d'œil : c'est épatant !... Tout de même, quel outillage on fabrique !... Quelles inventions !... Et ce n'est qu'un commencement !... Voyez-vous, la science et le travail, voilà ce qui, depuis un siècle, nous a fait faire des progrès : tout le reste, c'est de la blague !... »

Lambert a raison d'admirer la puissance créatrice du génie humain. Il a tort de s'imaginer que les découvertes matérielles sont toujours et nécessairement bienfaisantes et que « tout le reste c'est de la blague ».

Le développement des sciences nous a effectivement donné, et à un degré étonnant, la maîtrise des forces naturelles ; c'est de la marmite de Denis Papin qu'ont jailli ces trésors de puissance dominatrice. L'homme a pu ainsi aménager, comme il n'y était jamais parvenu jusqu'alors, cette terre que Dieu lui avait donnée en héritage pour qu'il y régnât avec Lui. Par exemple, les applications de la vapeur (chemins de fer et bateaux) ont sauvé de la famine, qui sévissait perpétuellement, tous les peuples que ces moyens de transports peuvent atteindre. Par ailleurs, les progrès de la médecine et de la chirurgie ont permis, malgré la diminution des naissances, à la population qui jadis, par suite de l'énorme mortalité infantile et de la mortalité considérable des adultes, restait à peu près stationnaire en dépit des très nombreuses naissances, de s'accroître dans de fortes proportions, alors précisément que l'industrialisation de l'agriculture et l'apparition et le développement de la grande industrie permettaient de la nourrir.

Mais les forces matérielles, laissées à elles-mêmes, se montrent aussi puissantes pour le mal que pour le bien (1), étant indifférentes à l'un comme à l'autre, de sorte que les grands bienfaits des inventions matérielles, en un siècle où les sciences et les forces matérielles ont échappé à la direction des sciences et des forces spirituelles, se sont accompagnés de grands méfaits. Le désordre dans les idées a amené le désordre dans les choses ; le désordre moral a produit le désordre social. L'inversion hiérarchique des sciences et des doctrines a amené celle des éléments et corps sociaux, entraîné une multitude de perturbations et de souffrances : ainsi, l'ouvrier s'est trouvé subordonné au machinisme créé pour le servir ; il est devenu une marchandise dans un état social dominé par le mercantilisme universel ; le moral a été asservi au matériel, le surnaturel nié, le naturel exalté ; et l'homme a souffert par tout ce qui, sagement ordonné suivant le plan providentiel, n'eût concouru qu'à lui donner le bonheur et l'accroître. Il n'est pas d'autre remède que la restauration de l'ordre social chrétien.

Lorsque j'annonce à mes compagnons mon départ de l'usine : « Oh ! bien ! fait Léon, je ne me doutais

(1) Aussi, M. J. Périer, un des chefs de l'Ecole de la Science sociale, se plaît-il à dire que la marmite de Denis Papin a été la cause d'une révolution formidable.

pas que vous nous quitteriez ! — Dame ! que voulez-vous ? Un franc quatre-vingt-quinze l'heure ! Je voudrais tout de même tâcher de gagner davantage ! Un copain doit me faire entrer dans une usine où... — Et si vous n'y entrez pas ? s'écrie Léon. Vous serez le derrière par terre ! — J'espère bien que non ». Lambert intervient : « Vous partez ? C'est dommage : on aurait pu vous mettre quelque part où vous auriez appris le métier peu à peu et votre gain aurait grossi... Enfin... — En sortant, reprend Léon, je vous offrirai la tournée d'adieu ».

A midi, Léon gagne le portail, d'un pas rapide, comme de coutume. Je l'accompagne. Nous entrons dans le premier débit qui se trouve sur notre chemin. Il commande deux verres de vin. Je commande, à mon tour, deux « Dubonnet ». Nous avalons rapidement, chacun, nos deux consommations et nous sortons.

A peine avons-nous fait quelques pas dans la rue qu'un ouvrier à bicyclette nous croise et crie à mon compagnon : « Dépêche-toi, Léon ! Ta femme t'attend à l'entrée du pont ! » Touchante sollicitude des femmes du peuple ! Cet après-midi, nous jouissons de la liberté de la « semaine anglaise » ; bien que Léon ne fréquente pas les bars, sa femme craint qu'il ne se laisse entraîner par des camarades à perdre son temps et son argent, et elle vient au devant de lui, elle l'attend à dix minutes de l'usine pour le ramener plus sûrement au logis.

Après mon départ, j'ai eu l'occasion d'avoir un entretien avec l'ingénieur chef d'atelier : « Vous avez éprouvé l'impression, me dit-il, d'une usine qui marche bien. Tel n'aurait pas été votre sentiment six semaines plus tôt, lorsque j'ai assumé la direction des ateliers : assis dans les coins, les contremaîtres fumaient tranquillement, sans souci de leur service ; des meneurs empêchaient les bons ouvriers de travailler ; des tire-au-flanc se faisaient volontairement de légères blessures qu'ils envenimaient pour en prolonger la durée. Nous comptions trente-cinq menus accidents et pansements par semaine ; aujourd'hui, seulement dix-sept par mois. J'ai éliminé quatre-vingt-cinq meneurs. L'ordre est rétabli et le rendement s'est considérablement accru. Chaque jour, je réunis dans mon bureau les contre-maîtres pour leur donner mes instructions et mes consignes. J'ai dressé des graphiques de toutes les pièces de pompes qui sont en mains et des diverses opérations qu'elles subissent successivement : un coup d'œil me suffit pour savoir où elles se trouvent et où elles doivent se trouver et pendant combien de temps elles restent entre les mains de tel ouvrier : je me rends aussitôt compte du temps perdu et connais le responsable. J'ai constitué deux équipes supplémentaires, de huit heures chacune ; mais ce sont des équipes de jour ; je ne veux pas d'équipe de nuit, le rendement de ce travail fatigant étant inférieur ; l'homme qui a commencé sa journée à six heures du soir est plus fatigué lorsqu'il l'achève que ne l'est celui qui l'a commencée à six heures du matin. Mais ces réformes ne me suffisent pas et avant peu j'aurai réalisé des perfectionnements nouveaux : je me propose d'installer à chaque machine un disque signalétique ; les spécialistes perdent beaucoup de temps à se rendre à l'outillage ou au dessin pour y chercher les pièces dont ils ont besoin ; désormais, pendant toute la séance de travail, ils ne quitteront plus leur machine ; un ou deux manœuvres iront, à la vue du disque rouge d'appel, demander au tourneur, au perceur, au fraiseur, au traceur, ce dont il a besoin et ils lui apporteront l'outil ou le dessin demandé. Il en sera de même pour l'affûtage : les ouvriers ne se dérangeront plus pour aller à la meule affûter leurs outils ; un homme sera chargé uniquement de cette tâche et les manœuvres lui porteront les outils à affûter ; afin que chaque spécialiste ne perde pas de temps pendant la durée de cette opération, il sera pourvu d'un double jeu d'outils ; pendant que l'un sera porté à l'affûtage, l'autre lui servira. Dès lors, aucun travailleur ne perdra plus une seule minute en allées et venues ; tout son temps restera intégralement consacré à utiliser l'énergie motrice distribuée à sa machine ; dans le même temps, avec le même effort, le rendement se trouvera accru... Croyez que la conception et la réalisation de ce programme de réformes me coûtent beaucoup de peine : j'arrive avant tous les ouvriers à l'atelier ; j'en pars le dernier. Chez moi, je réfléchis à ce que j'ai fait, à ce qui me reste à faire, aux résultats du travail fourni dans la journée et à la distribution du travail du lendemain. Ces préoccupations me poursuivent même la nuit et il m'arrive souvent de ne pas dormir plus de trois ou quatre heures... Mais il faut voir les résultats : la grande pompe dont on vient de faire les essais, il a fallu, sous l'ancien régime, six semaines pour la construire et la mettre au point ;

sous le régime nouveau, j'achèverai la même machine en dix jours... Mon travail de réorganisation achevé, l'atelier marchera avec la précision d'un mécanisme d'horlogerie et son rendement atteindra le maximum... »

Ainsi est mise en évidence, avec le rôle de l'intelligence et du chef dans la production, la valeur de l'organisation du travail conçue et réalisée par le chef qui réfléchit et qui veut. On voit ici l'importance des idées émises par Taylor et que M. Wilbois reprend en les étendant à d'autres domaines. Mais l'ouvrier ne peut même l'entrevoir : comment, sans un éclair de génie, imaginerait-il tout ce travail élaborateur et coordinateur ? L'homme ne sait que ce qu'on lui apprend, et, à l'ouvrier, on n'apprend rien : il faudrait qu'on lui enseignât, non seulement la technique de son métier, mais les règles qui président nécessairement à l'organisation de toute entreprise comme celles qui s'imposent à la société elle-même, les lois qui régissent les phénomènes économiques, le rôle de l'intelligence et du capital dans la production. Cet enseignement professionnel complet suppose la profession complètement organisée et distribuant cet enseignement, bref, la république de métier exerçant, dans le cadre social, à la place qui lui revient dans l'Etat, sa pleine souveraineté.

## § 3. — La ville. L'existence matérielle et morale : Journaux, Restaurants et Spectacles.

Les garnis, les restaurants et les bars, les journaux, la rue, les spectacles constituent l'ambiance formatrice de la sensibilité populaire : les images que l'enfant, le jeune homme, l'homme mûr en reçoivent alimentent et informent son âme, en provoquant les réactions émotives et intellectuelles, en ouvrant les voies en pente où s'engage plus facilement et glisse sa personnalité mobile, malléable et souple.

Un matin, à la bibliothèque de la gare, j'achète, en me rendant à l'usine, trois journaux. La jeune fille chargée de la vente s'exclame : « Tout ça pour vous seul ! Jamais vous ne lirez tout !... » Quelle mauvaise opinion de la capacité de lecture des ouvriers dionysiens !

A l'entrée du pont du canal, s'ouvre le guichet du marchand de journaux auprès de qui s'approvisionnent la plupart des ouvriers qui se rendent aux usines. *Le Petit Parisien* forme la pile la plus haute des quotidiens offerts aux passants ; presqu'au même niveau, *Le Journal* et *Le Matin* s'entassent ; *L'Humanité* marque auprès d'eux une forte dépression ; *L'Echo de Paris* et quelques autres journaux viennent ensuite, en très petit nombre. Le soir, de tous les journaux invendus, c'est la pile de *L'Humanité* qui est la plus haute, généralement il ne reste plus de *Petit Parisien*, peu de *Journal* et de *Matin* ; il semble qu'il soit vendu cinq de chacun de ces trois journaux contre une *Humanité*.

*L'Humanité* n'est donc lue que par les révolutionnaires militants. Quelles idées leur distribue-t-elle ? Je l'ai lue chaque jour et j'ai constaté que l'importance des événements extérieurs l'a obligée à faire une large part aux informations et articles de politique étrangère. L'esprit dans lequel les unes sont recueillies et les autres rédigées est aussi peu français que celui qui inspire la politique intérieure et la doctrine sociale. Ainsi, les Turcs viennent de consommer la déroute grecque et sont à la veille d'entrer dans Smyrne. Paul-Louis, qui étudie les « conséquences mondiales » de « la victoire turque », voit en « Kemal, le mandataire de l'islam, de toutes ces populations musulmanes qui ont été asservies, du Maroc à la Malaisie, par le Royaume-Uni et par la France, par l'Italie et par la Hollande. Elles vont se réveiller forcément, parce que la victoire Kémaliste est une victoire islamique, remportée sur la Grèce à coup sûr, mais plus encore sur les Etats colonialistes, sur les gouvernements de rapine qui ont imposé leur dictature aux Mahométans du Sénégal et de la Tunisie, de l'Inde et de l'Egypte, de la Libye et de l'Insulinde. C'est tout le colonialisme européen qui est en jeu (1) » Paul-Louis se réjouit déjà à la pensée de sa ruine : de tous ses vœux, il appelle la révolte victorieuse et l'indépendance de ces peuples : il tient pour l'Asie et pour l'Afrique contre l'Europe, pour l'Islam contre la

(1) *L'Humanité*, 9 septembre 1922.

Chrétienté, pour la fermeture de tous les immenses marchés dont vit notre industrie. Que deviendraient donc les ouvriers dont il se donne comme le défenseur ? Subiraient-ils le sort des ouvriers russes ? Paul-Louis n'en doute pas : il rêve l'anéantissement de toute la civilisation blanche, la dévastation, le dépeuplement de notre Europe occidentale, son retour à l'ancienne barbarie, son asservissement par les hordes venues d'Asie et du Continent noir. « Karakhan, qui remplace par intérim Tchitchérine, a félicité le gouvernement d'Angora des résultats par lui acquis. Nul n'ignore qu'une solidarité de fait, en vertu d'une logique des choses et parce qu'ils avaient les mêmes ennemis, s'était créée entre le pouvoir Kémaliste et les Soviets... Ce n'est pas d'aujourd'hui que la Russie prolétaire a fait appel à tout l'Orient contre l'Occident impérialiste. La défaite de cet Occident est un succès pour les Soviets... » et Paul-Louis y applaudit. Si les ouvriers français applaudissent avec lui à « la défaite de » leur « occident », c'est qu'ils sont atteints de folie-suicide. Mais n'est-ce pas là ce que leur prêche chaque jour ce journal criminel : suicide de la foule ouvrière par le communisme, suicide de la race par le malthusianisme, suicide religieux et moral par l'athéisme, et même le suicide individuel, comme en ce même jour où, la nouvelle étant parvenue que Mme Sembat, incapable de se résigner à survivre à son mari, venait de se tuer, Georges Pioch en écrit une longue apologie sous le titre de « La double mort exemplaire ». Un mot d'ordre a été donné, à ce propos, dans toute la presse révolutionnaire. On pouvait lire, dans « *Germinal, journal socialiste de la banlieue Nord, n'a rien de particulier avec la petite sous-section communiste de Saint-Denis* (1) » : « Marcel Sembat et sa femme disparaissent en beauté et la mort ne pourra séparer ce couple qu'un pur idéal de la vie humaine un jour avait uni. C'est la fin sublime d'une seule âme ». *L'Œuvre*, feuille bourgeoise que lisent quelques ouvriers, traduit le même état d'esprit ; dans son compte-rendu des obsèques, elle marque discrètement sa sympathie pour cet acte destructeur : « Les orateurs ont été nombreux... Ils ont magnifié le geste de Mme Sembat (2) ».

*L'Humanité* (3) expose ses idées sur la transmission de la vie et sur les bonnes mœurs dans un article publié en feuilleton sous ce titre : « La maternité enseignée aux filles » :

« ... La connaissance de son corps, de tous les organes qui le composent, de leur destination, des soins spéciaux qu'ils réclament, était interdite à la jeune fille... Et si elle était tenue dans cette ignorance, c'est parce que cette fonction maternelle est la conséquence, sinon de l'amour, du moins du mariage, du rapprochement avec l'homme pour la fécondation, toutes choses inconvenantes ou impures dans une société dont la religion est d'origine orientale ... » (Cette fin de phrase énonce une double absurdité : dans la religion chrétienne, ces « choses » ne sont pas

(1) 9 septembre 1922.
(2) 10 septembre 1922.
(3) 25 septembre 1922.

inconvenantes, mais sacrées ; et les religions orientales font généralement de la lubricité, et non de la procréation, quelque chose de louable.)... « Quand une jeune fille s'abandonne au désir d'un homme sans exiger le mariage, il est excessif de dire qu'un tel acte est une dégradation. Il est inexact de dire que toute union où la maternité intervient comme une surprise, un accident ou une catastrophe, est une faute contre les lois sociales et *morales* ».

Aussi les révolutionnaires communistes de *L'Humanité* s'inquiètent-ils vivement « des progrès des congrégations et du clergé en France (1) ». Ils les dénoncent dans un article intitulé « Les noirs s'agitent » : « Les Jésuites ont installé de véritables ministères à Paris... Ils y dirigent une presse importante » (ce qui est évidemment contraire au principe de la liberté de la presse), « ils y publient des revues, ils y éditent des brochures » (au XXe siècle ! c'est absolument intolérable ! ) « Ils ont fondé une Jeunesse catholique. Ils mènent des syndicats de salariés... Ils comptent, dans leur C. G. T. blanche, 125.000 adhérents. Ils organisent des retraites... à Clamart. Ils ont mis la main sur l'enseignement... Mais... le prolétariat » (de l'Humanité, sans aucun doute) « les a plus que jamais en horreur. Ils les méprise... Il les démasquera sans arrêt et les empêchera d'empoisonner les consciences et les âmes des travailleurs... », propriété de la Dictature révolutionnaire du prolétariat (de l'Humanité). Cette prose, qui sent son Quinet et son Michelet, dégage

(1) 26 septembre 1922.

un petit parfum vieillot qui nous reporte à près d'un siècle en arrière, au temps où les Don Quichotte du libéralisme partaient en guerre contre « La Congrégation ».

Il faut reconnaître que *l'Humanité* n'abuse pas trop de ces vieux refrains démodés : la Russie et l'Allemagne retiennent trop, à cette heure, ses préoccupations de parti et ses élans du cœur.

Les ouvriers, en général, ne sont guère au courant des événements qui ravagent la Russie. D'ailleurs, même les gens informés ne manquent que trop des détails dont ils auraient besoin pour éprouver autant qu'il convient l'horreur et la pitié : la conspiration du silence a été savamment organisée autour de l'enfer rouge. *L'Humanité* ne fait que très discrètement et de loin en loin quelques allusions forcées à la réalité de la situation dans la Russie communiste; G. Pioch risque une phrase sur le « monde nouveau que la Russie conçoit dans la douleur pour le salut des peuples (1) ». C'est tout. Les lecteurs doivent penser que cette douleur n'est rien de plus que la crise passagère et inévitable de l'enfantement d'un avenir heureux et durable, alors que la leçon terrible donnée par la Russie révolutionnaire devrait être diffusée à satiété, pour l'épouvante des contemporains de ce cataclysme, par la parole et par le journal, la brochure et le cinématographe, dans tous les milieux populaires. Des horreurs qui s'y déroulent, les lecteurs de l'*Humanité* ne retiendront que le souvenir des souffrances que les

(1) 26 septembre 1922.

Juifs éprouvent en Russie. Un feuilleton (1), intitulé : « Tableautins de Russie. Dans la Neige », leur décrit le désespoir d'une famille juive découvrant le cadavre d'un de ses enfants, « Abracha », qui a été « massacré ». Cette nouvelle est signée : « A. Kaganavski », avec la mention : « Traduit du Yidisch, par L. Blumenfeld ». On pouvait la lire dans le numéro même du journal où Marcel Cachin écrivait en première page un article de politique extérieure, intitulé « Poincaré le Pacifique ! », et où il dénonçait une fois de plus sa « politique guerrière » et « notre stupide nationalisme ». Le nationalisme des Français est, en effet, stupide pour les gens de *L'Humanité*, qui travaillent à y substituer un nationalisme intelligent, le nationalisme juif de Kaganovsky et de ses amis, dont L. Blumenfeld et quelques autres traduisent du yidisch les œuvres.

Pour sa réalisation, l'Allemagne demeure leur patrie d'élection et leur suprême espérance. Ils en parlent fréquemment afin d'exciter leurs lecteurs à l'aimer et à la servir.

C'est ainsi que *l'Humanité* (2), dans un article intitulé « Cannibalisme économique » essaie d'apitoyer ses lecteurs sur le sort « des ouvriers et des employés » allemands « qui meurent de faim ». Le lendemain (3), le journal revient sur ce sujet en publiant un grand article sous le titre « *L'Humanité* en Allemagne. La misère et la faim », où l'on pouvait lire :

(1) 26 septembre 1922.
(2) 11 septembre 1922.
(3) 12 septembre 1922.

« ... L'ouvrier gagne tout juste de quoi manger et il mange de plus en plus mal et de moins en moins... Encore quelques mois de souffrances... et la classe ouvrière allemande... deviendra... un excellent point d'appui pour l'offensive patronale contre la classe ouvrière française et contre le prolétariat du monde entier ». L'article qui lui fait suite porte le titre : « L'offensive mondiale contre les huit heures ». Le jour suivant (1), nouvel article sur « *L'Humanité* en Allemagne. Spéculations, prix et salaires » : « ... L'éternelle victime, comme toujours, c'est l'ouvrier, qui végète péniblement à l'ombre du mark-papier pendant que commerçants et industriels détiennent les seules valeurs réelles, les produits... Grâce à cette réduction du salaire réel, l'ouvrier allemand est devenu l'esclave salarié du capital international... La classe ouvrière allemande a le choix aujourd'hui entre une misère toujours croissante et l'établissement de contrôle ouvrier ».

Au moment du départ d'Herriot pour la Russie, *l'Humanité* (2) lui consacre, en première page, un bref article : « .. M. Herriot, maire radical de Lyon... est parti hier pour Moscou... Il a invité Tchitchérine à assister à la prochaine foire de Lyon. Le commissaire du Peuple aux affaires étrangères a accepté... Les communistes français s'en réjouissent... Ils savent que leurs frères de Russie ne peuvent rester économiquement isolés dans un pays dévasté par l'impé-

(1) 13 septembre 1922.
(2) 17 septembre 1922.

rialisme ». ( Ce n'est pas le communisme qui a dévasté la Russie !) « Nous savons que la Révolution russe est assez forte pour n'avoir pas à craindre le contact du capital étranger, présentement nécessaire au relèvement industriel de la Russie... » Quel aveu ! Le capital est « nécessaire ? » On ne peut s'en passer ? Même dans une société communiste ?

*L'Humanité* estime le capital à ce point nécessaire que, le surlendemain même (1), elle annonce qu'elle lance un emprunt à 6 % sous forme d'obligations de vingt-cinq francs, remboursables en quinze années. Le journal vante sa situation prospère : « Les bénéfices se chiffrent par plus d'un million par an ». Il les affecte « à la constitution de réserves... et à des subventions encore nécessaires au Parti communiste ». L'acquisition des titres émis n'équivaudra pas du tout à « un versement à fonds perdus », mais à un « placement d'un intérêt rémunérateur et d'un remboursement certain et rapide ». Bref, la souscription à cet emprunt est chaudement recommandée comme constituant une excellente opération capitaliste, qu'aucun communiste ne saurait négliger.

Dans un grand article : « Les huit heures et le problème humain (2) », signé Georges Lévy, *l'Humanité* écrit : « Dans leur campagne d'hostilité contre la journée de huit heures, les représentants des grandes associations patronales, les économistes orthodoxes et leurs élus parlementaires ont supputé les milliards

(1) 24 septembre 1922.
(2) 27 septembre 1922.

que, selon eux, la loi avait fait perdre au pays : mais aucune préoccupation humaine n'est apparue dans leurs nombreux écrits. Ils n'ont pas pensé un seul moment que, entre le capital et le travail, il n'y a pas seulement une question d'argent à débattre, mais qu'il y a la vie humaine à sauvegarder. Ils se sont préoccupés uniquement du problème de la production, sans paraître se douter qu'il y avait un élément également important qui s'appelle le producteur : l'homme, voilà l'instrument qui a créé la richesse, a dit l'illustre historien Macaulay en défendant autrefois, au Parlement, le bill de la réduction du travail. C'est toujours une vérité d'évidence aujourd'hui que, malgré tous les progrès de la technique, le rôle le plus important de la production incombe encore au moteur humain. Sauvegarder la production en sacrifiant le producteur ressemble à la solution d'Ugolin qui mangeait ses enfants dans l'intention de leur conserver un père... »

Mais il ne serait pas moins insensé de prétendre sauver le producteur en sacrifiant la production dont il vit. Le problème n'en est pas moins ici correctement posé par le rédacteur de *l'Humanité*, et c'est par de telles considérations de justice et de raison qu'il peut s'acquérir, dans un public ignorant, des sympathies qui le suivront ensuite dans les voies les plus folles et jusqu'à ce communisme révolutionnaire qui est si parfaitement inhumain. Mais la solution du problème n'est pas aussi simple que *l'Humanité* le suppose : le producteur ouvrier, tout comme le producteur patron, est directement et profondément intéressé à l'activité et à la prospérité de l'industrie dont les rapports avec la durée de la journée de travail ne peuvent être définis par une formule uniforme et rigide, qu'impose, sous l'influence d'inspirations étrangères aux nécessités humaines et professionnelles, une assemblée incompétente, mais par une formule souple et variée, que fixent les intéressés eux-mêmes, en raison des nécessités du moment.

La doctrine économique dont se nourrissent les plus intelligents et les plus cultivés des militants socialistes n'est pas exposée seulement dans le grand organe du parti, mais aussi dans de petits périodiques comme « l'*Emancipation, journal communiste et syndicaliste révolutionnaire de Saint-Denis et du canton* », où je lis un long article qui expose la pure doctrine marxiste sous le titre « Salaire ouvrier et profit capitaliste (1) ». Le salaire serait arbitrairement fixé par l'employeur, dont « la volonté, l'initiative, le goût sont des lois pour l'ouvrier qu'il emploie. Des millions et des millions de salariés sont ainsi à la disposition du Capitalisme ». De leur travail, le capitaliste tire son « profit ». Comment cela ? « Le profit, c'est la différence entre le prix de revient des marchandises et le prix auquel les vendent les capitalistes ». Mais, dans la vente, le vendeur reçoit plus que ne reçoit celui qui achète. Comme « le bénéfice provient de la vente », il faut dire que « celui qui vend trompe celui qui achète... ; dans un marché, il y a une personne qui est volée puisqu'elle reçoit moins qu'elle ne donne ».

(1) 9 septembre 1922.

Or, « le capitaliste réalise des bénéfices sur le prix de revient des marchandises qu'il vend. Le prix de revient est composé d'un grand nombre d'éléments : frais de premier établissement, matières premières, amortissement du matériel, frais généraux, etc., etc., et la main-d'œuvre. » Si nous laissons de côté la main-d'œuvre, tous les autres éléments « sont des charges que le capitaliste subit », sans que sa volonté y puisse rien. « Les sommes qui représentent ces différents éléments dans l'établissement du prix de revient de la marchandise entrent entièrement dans le prix de vente de cette marchandise. Pour une marchandise donnée, ... ces sommes sont des quantités fixes, desquelles le capitaliste ne peut tirer aucun profit. Il ne reste donc que la main d'œuvre, l'exploitation du salariat ! Un ouvrier reçoit un salaire basé, non pas sur la valeur du travail fourni, mais sur le minimum d'argent nécessaire à sa subsistance. Qu'est-ce que ce minimum ? C'est la volonté du capitaliste combattue par celle du salariat. Ce peut être, selon la force respective des parties, une vie misérable ou une vie aisée. Tout le secret de la plus value capitaliste est là... »

Que le vendeur vole l'acheteur en lui donnant moins qu'il n'en reçoit, parce que le travail, la prévision et la valeur d'organisateur du marchand sont tenus pour inexistants ; que, dans le prix de revient des marchandises aucune part ne doive être faite à l'intelligence, à l'effort, à l'activité du chef de l'usine ou de la maison de commerce, ni à la responsabilité qu'ils acceptent et aux risques qu'ils courent ; qu'enfin la volonté de l'employeur ne tienne pas compte, pour fixer le salaire, de la valeur du travail fourni ; dans ces trois allégations fausses, réside tout le secret de la doctrine révolutionnaire. Mais les lecteurs de *L'Emancipation* sont peu aptes à dégager, par une contre-analyse critique de cette doctrine, l'erreur qu'elle contient.

Au surplus, pour la foule des ouvriers, le problème se pose sous une forme plus directement saisissable. Un ingénieur me disait : « Je dirigeais une usine dont le bénéfice net s'élevait à cent mille francs. Nous employions cent ouvriers qui gagnaient six mille francs par an. Comme l'un d'eux se plaignait de ne pas participer aux bénéfices de l'entreprise, je lui dis : voilà ce qu'elle gagne ; partagé entre vous tous, ce gain donnerait à chacun, au bout de l'année, un billet de mille francs en plus. L'ouvrier m'interrompit pour ajouter : et au bout de l'année l'entreprise n'existerait plus ! » Il avait, d'emblée, saisi le mécanisme de sa ruine : les ouvriers ne pouvaient toucher le bénéfice de l'entreprise que si le patron était supprimé ; mais le bénéfice était l'œuvre de l'intelligence organisatrice et directrice du chef ; supprimer le chef, c'était détruire l'usine.

Les militants, lecteurs de l'*Emancipation* et de *L'Humanité*, préparent cette suppression des patrons dans leur Bourse du Travail : cette usine à Révolution est installée face au transept droit de l'église Saint-Denis, de l'Estrée, dans une maison bourgeoise, au fond d'un jardin. Je m'y rends un dimanche matin sans trouver personne que les concierges qui préparent leur déjeûner pendant qu'à ma vue le chien de garde aboie sans se lasser : maison vide, abords déserts, aucune affiche portant annonce de réunion publique ou de conférence. En semaine, le soir, j'y suis revenu plus d'une fois, attiré par les éclatants globes électriques qui surmontent la grille large ouverte, mais sans jamais rencontrer personne : mon pas faisait craquer le sable du jardin et le chien de garde aboyait... Rien de plus. Cependant, c'est là que la Révolution, paraît-il, se prépare. La douzaine de meneurs qui ont pris en mains, pour Saint-Denis, l'entreprise de liquidation de la société capitaliste, se réunissent sans doute, pour comploter plus en secret, chez eux ou dans l'arrière salle d'un débit de vins. Mais, s'il reste un état-major, il n'a plus de troupes.

Dans les restaurants, peu de journaux sont en mains. Il n'en est guère qu'un seul où, au repas de midi, j'ai vu trois ouvriers déployer *l'Humanité*, et l'un d'eux s'exclama joyeusement : « On va avoir la guerre avec les Turcs ! Eh bien ! on fabriquera des canons et des munitions !... »

Dans un autre restaurant, fréquenté par des manœuvres de la voie ferrée et des paveurs de rues, je vois, un soir, l'un d'eux lire *l'Internationale* et ses deux voisins se pencher sur la feuille déployée. La tendance révolutionnaire demeure assez généralement au fond de l'âme des ouvriers : il leur est plus facile de croire au miracle révolutionnaire qu'à la vertu de l'effort long, patient et calculé ; la masse ouvrière, délaissée par l'élite sociale intellectuelle et possédante, incapable de retrouver par ses seules forces les principes directeurs des sociétés et les voies favorables à ses propres intérêts, devient forcément la proie des meneurs qui l'asservissent, sous prétexte de la servir, en l'entretenant dans l'ignorance, dans l'illusion et en flattant ses passions.

Ailleurs, à une table voisine de la mienne, prend place un jeune ouvrier d'une vingtaine d'années, de figure fort intelligente. Il lit *Le Journal,* qui est si répandu parmi tous les ouvriers. La première page de ce numéro du 25 septembre présente la physionomie suivante : première colonne, article intitulé « Vers la pacification de l'Orient ; M. Francklin-Bouillon est parti pour Smyrne » ; la deuxième colonne est consacrée aux « Mémoires de l'ex-kaiser » ; puis, deux colonnes et demie à « Siki met Carpentier knock-out au sixième round », avec photographie ; la fin de la cinquième colonne, à des notes parisiennes, soi-disant spirituelles ; la sixième et dernière colonne, à un « Double parricide ». Aux angles supérieurs de cette première page, s'étalent les portraits, en rouge, de l' « étoile de Paris » et de « l'étoile du Centre ». Quelles idées le lecteur d'une pareille feuille de « grande information » peut-il se former sur les problèmes essentiels qui se posent, à l'heure présente, pour la France, l'Europe et tout l'univers ? Quelle peut être la valeur sociale de ce jeune citoyen ? Comment cette éducation quotidienne — presque sûrement toute celle qu'il reçoit, ou du moins la plus importante — le prépare-t-elle à remplir son rôle individuel et familial, politique et social, moral et religieux ?

Dans un autre restaurant, trois ouvriers, de vingt à

vingt-cinq ans, le visage complètement rasé, lisent *L'Auto* et se livrent à d'interminables commentaires sur diverses informations, en particulier celles qui ont trait à l'aviation. Mais presque tous les consommateurs ne s'occupent que de prendre leur nourriture. Aucun ne consomme, comme il n'était pas rare avant la guerre, un litre de vin à son repas : ils prennent une chopine (demi-litre) et très souvent un simple demi-setier (quart de litre). Un certain nombre n'y ajoutent pas d'eau. Mais la plupart font usage des carafes ou bouteilles d'eau disposées sur les tables. Dans beaucoup de ces petits restaurants, le patron sert les clients et sa femme fait la cuisine ; si le restaurant est plus vaste et plus fréquenté, une bonne est chargée du service et l'addition s'alourdit d'un pourboire. Il n'est guère possible de dépenser moins de trois francs cinquante. Deux jeunes ouvriers de dix-huit à vingt ans se font servir chacun une demi-bouteille de vin, hors d'œuvre, viande, légumes, café. Deux ouvriers demandent chacun une chopine et commandent, l'un, une entrecôte et un choux-fleurs, l'autre, un bouillon avec un œuf dedans et un saumon mayonnaise. Mon menu est le suivant :

| | |
|---|---|
| Un verre de vin ...... | 0.40 |
| Un morceau de pain .. | 0.15 |
| Sardine ............ | 0.60 |
| Côtelette de mouton .. | 1.70 |
| Pommes de terre .... | 0.70 |
| | 3.55 |

Une autre fois, dans un autre restaurant : melon, rôti de veau jardinière, confitures, pain, demi-setier de rouge ; au total : trois francs trente centimes.

Ou bien :

| | |
|---|---|
| Un verre de vin ...... | 0.40 |
| Un morceau de pain .. | 0.20 |
| Tomates ............ | 0.60 |
| Bifteck ............. | 1.70 |
| Suisse ............. | 0.60 |
| | 3.50 |

Au voisinage de l'usine :

| | |
|---|---|
| Demi-setier de rouge .. | 0.50 |
| Un morceau de pain .. | 0.20 |
| Haricot de mouton .. | 1.50 |
| Nouilles ............ | 0.60 |
| Suisse ............... | 0.60 |
| Pourboire ........... | 0.20 |
| | 3.60 |

Dans le centre de la ville :

| | |
|---|---|
| Demi-setier de rouge .. | 0.50 |
| Un morceau de pain .. | 0.20 |
| Deux œufs à la coque.. | 1.50 |
| Poireaux à l'huile .... | 0.60 |
| Suisse .............. | 0.60 |
| Pourboire ........... | 0.20 |
| | 3.60 |

Ou bien :

| | |
|---|---|
| Un demi-setier ....... | 0.50 |
| Deux morceaux de pain | 0.40 |
| Une sardine à l'huile.. | 0.60 |
| Deux œufs sur le plat.. | 1.50 |
| Un suisse ............ | 0.60 |
| | 3.60 |

Le dessert fruits (raisin ou poire) est assez fréquemment demandé : il coûte soixante centimes. Or, une livre de raisin, payée quatre-vingt ou quatre-vingt-dix centimes suivant qu'elle est achetée dans la rue ou dans une boutique, représente une quantité au moins quadruple de celle que reçoit au restaurant le consommateur.

Les deux repas et la collation du matin coûtent à l'ouvrier qui mange au restaurant (c'est le fait d'un très grand nombre, le soir, et de presque tous, à midi), au moins huit francs par jour (1).

(1) La nourriture du célibataire qui vit au restaurant est beaucoup plus coûteuse que celle du chef de famille qui vit chez lui. Mais si ce dernier dépense moins pour se nourrir au foyer domestique, ses charges familiales compensent, et au delà, cette économie, de telle sorte que le calcul de mes dépenses par rapport à mon salaire donne un chiffre inférieur à celui qu'il faudrait fixer pour une famille dont le chef gagnerait ce que je gagne.

La chambre garnie coûte de un franc cinquante à deux francs par jour.

Le blanchissage revient au moins à trois francs par semaine. Voici une de mes notes hebdomadaires :

Dans un petit restaurant très fréquenté, le soir, surtout le dimanche, par des ouvriers et des employés, règne une gaieté bruyante où éclatent parfois de très grosses plaisanteries, et même grossières, comme il arriva au dessert à propos d'un gâteau à la crème, appelé « religieuse », que l'un des jeunes consommateurs demandait.

Un jeune ouvrier, fort bien habillé, s'offre le luxe d'une portion de langouste, de deux francs cinquante; ces gourmandises doivent être d'une extrême rareté ; je n'ai constaté que ce seul cas.

Plusieurs hôtels garnis avec salle de restaurant sont tenus et fréquentés par des Bretons. J'ai plusieurs fois déjeûné dans l'un d'eux où prenaient pension une douzaine de jeunes gens d'une vingtaine d'années, fils perdus d'Armor, que la grande cité ouvrière de la banlieue avait absorbés. Sous des casquettes d'arsouilles, qu'en imagination l'on remplaçait aisément par des chapeaux ronds à rubans de velours, s'étalaient leurs larges visages complètement rasés ; dans leurs yeux clairs de Celtes rêveurs, s'allumait un

| | |
|---|---|
| 1 chemise coton | 0.95 |
| 1 flanelle | 0.75 |
| 1 caleçon | 0.75 |
| 1 paire de chaussettes | 0.30 |
| 1 mouchoir | 0.15 |
| | 2.90 |

Les bains sont très fréquentés, le samedi soir. Le bain simple coûte un franc cinquante, auquel il faut ajouter vingt-cinq centimes pour un savon et vingt-cinq centimes pour une serviette.

regard dur ; un pli amer logeait au coin de la bouche ; sur leur front têtu, brutal, une ombre mauvaise. Leur veston jeté sur la chemise au col déboutonné, sans cravate, les uns demeuraient obstinément, farouchement muets, les autres échangeaient de rares et rudes paroles, brèves allusions aux saoûleries de la veille, aux débauches des jours passés. Leur lamentable déchéance portait accusation contre ce que nous appelons la civilisation moderne, où ils s'étaient perdus en perdant l'appui de toutes les directives traditionnelles, de la discipline religieuse et morale que leur famille et leur village leur assuraient. En l'homme, animal raisonnable, la raison trop souvent et trop facilement s'éclipse pour ne plus laisser que l'animal. La tactique des révolutionnaires et des fourriers de la Révolution consiste à corrompre moralement les individus pour en devenir sûrement les maîtres ; la Russie soviétiste nous offre le redoutable spectacle du génie d'organisation du mal qu'ils sont capables de déployer lorsque l'Etat leur est livré entièrement.

Je fréquente assez ordinairement, le soir, un petit restaurant voisin de mon garni. Sa nombreuse clientèle se compose surtout de terrassiers et d'ouvriers du bâtiment, qui y forment, comme dans les autres restaurants ouvriers d'ailleurs, une assemblée paisible où chacun dépense environ trois francs cinquante pour un repas arrosé d'une chopine ou d'un demi-setier de vin qu'ordinairement ils additionnent d'eau. Quelques groupes de camarades se réunissent autour des mêmes tables. La servante est une jolie fille aux joues fraîches, aux grand yeux noirs qu'encadre l'arc léger des sourcils, au nez retroussé qui lui donne un air provoquant et mutin. De taille bien prise, la poitrine avantageuse sous le corsage léger, elle passe rapide à travers la salle, vive, intelligente, lançant les commandes d'une voix brève, autoritaire et bien timbrée, l'œil à tout, n'oubliant rien, ne laissant attendre aucun client.

Chaque soir, un client fidèle, Ti-Fougniat, vient prendre place à sa table habituelle : Ti-Fougniat accuse plus que la soixantaine ; il est petit, bedonnant et sale. Un feutre gras est enfoncé sur sa tête. Des mèches de cheveux blancs frisonnent sur sa nuque et ses oreilles. Ses petits yeux brillent ; son nez retroussé et canaille, sa barbe floconneuse et la rondeur du bas de son visage lui donnent l'aspect d'un Silène de faubourg ou d'un Socrate du ruisseau. Son pantalon de drap gras et décoloré, dont la ceinture, en glissant sous le ventre, en souligne la rondeur, tombe en tire-bouchon sur d'énormes godasses jamais cirées. S'est-il même lavé les mains, Ti-Fougniat, depuis qu'il est au monde ? Ses grosses pattes encrassées sortent des manches trop longues d'une veste rougeâtre, râpée, déchirée, graisseuse aux coudes, aux poches, au col et aux plis les plus anciens. Pas de gilet. Une chemise ouverte sur une poitrine velue. Ti-Fougniat entre d'un pas traînant, l'air absorbé, le regard noyé dans le souvenir des chopines déjà bues. Il s'affale à sa place, reçoit quelques bonjours, y répond. Il a commandé — en laissant ses mains s'égarer sur le corsage de la bonne — une chopine, des œufs sur le plat et du pain. Il se verse des rasades, il mâche quelques bouchées de pain, il mange un œuf, il boit, il boit encore, et son œil chavire : menton sur la poitrine, paupière demi-close, Ti-Fougniat médite.

Son voisin a entrepris de lui tenir un grand discours sur la liberté. Ti-Fougniat sort de l'abîme de ses réflexions pour lui dire, d'une voix enrouée : « Vous parlez comme un c.. Vous êtes comme le pompon du soldat... » L'autre, médusé, se tait. Ti-Fougniat, maussade, reprend : « J'aime mieux une petite femme qui me parle gentiment... gentiment... » Son œil se clôt. Ti-Fougniat est retombé dans ses méditations. Et, tout à coup, il bougonne, il ronchonne : un voisin l'a pris pour un Breton ! « Me traiter de Breton, moi ! Mais je ne suis pas Breton !... » Il en étouffe d'indignation ! Puis il rit. Son visage de Socrate libidineux s'éclaire de joie. Il se verse une rasade. Et il redevient morne et pensif, yeux mi-clos... Au bout d'un instant, l'œil brillant sous la paupière relevée, il se lève, traîne les pieds jusqu'à la table voisine et, à un ouvrier sexagénaire, sec, sévère, dînant en face d'un modeste demi-setier, il confie, de sa voix éraillée : « J'ai bu quatre chopines... » Il ramasse à terre un morceau de papier, le met dans sa poche et sort. L'autre grommèle, mécontent : « Ah ! il s'en met, celui-là, des chopines dans le col !... »

En semaine, quelques groupes d'ouvriers se forment dans les débits et les bars, le soir venu... Mais c'est surtout le dimanche que des consommateurs s'y attardent un peu pour jouer aux cartes ou écouter le phonographe en buvant un verre de vin, ou un cassis, un Dubonnet, un café avec un peu d'eau-de-vie : population paisible et sage, qui prend, aux heures de loisir et aux jours de repos, quelques menues distractions. En vingt jours, il ne m'est pas arrivé de rencontrer plus de deux ou trois hommes ivres, le soir. Une nuit seulement, vers une heure du matin, je fus réveillé par les cris d'un ivrogne qui frappait obostinément à la porte d'un locataire en l'appelant à grands cris. Mais chaque semaine, dans la nuit du samedi au dimanche, éclate toujours quelque rixe ou quelque scène de violence, due à l'intervention de mauvais éléments — repris de justice et interdits de séjour — qui se mêlent en assez grand nombre à l'honnête et laborieuse population ouvrière. Un dimanche matin, dans un bas du voisinage, on ne parlait que du dernier scandale nocturne : les couteaux étaient sortis des poches ; mais les belligérants s'en étaient tenus aux injures et aux menaces. Le patron du bar intervient dans la conversation pour se plaindre des excès auxquels se livrent quelques bandes de voyoux qui, récemment, lui cassèrent la glace d'un distributeur automatique.

Trois grands cinématographes, un casino, une énorme salle de bal, telles sont les distractions que les ouvriers dionysiens trouvent au centre même de la ville. La représentation théâtrale ne retient le public que si elle lui offre une action rapide, précipitée même, et de caractère, ou sentimental, ou comique, ou licencieux. Le spectateur fruste s'ennuie à écouter de longs dialogues et il s'y perd au point de ne plus rien comprendre à ce qui se passe sous ses yeux ; l'intérêt de la pièce réside pour lui dans les actions qui se succèdent sur la scène, non dans les commentaires et les analyses psychologiques ; lorsque les personnages, au lieu de parler, agissent, son attention se réveille et il reprend pied dans l'affabulation (1). Précisément, le théâtre cinématographique se réduit au schéma très bref et très substantiel d'une intrigue concentrée en une série de tableaux qui en marquent les épisodes les plus saillants, présentés sous leur forme la plus expressive, réduits à leurs traits essentiels. Le spectateur n'a pas le temps de s'ennuyer, et les légendes, qui lui commentent en formules brèves le sens des images, lui interdisent de ne pas comprendre.

Le Casino et les Cinés n'ouvrent leurs portes que les vendredi, samedi et dimanche, à l'exception du Ciné-Pathé qui donne séance, en outre, le jeudi. Je suis allé un jeudi soir chez Pathé. Les stalles de premières et de secondes étaient presque au complet ; aux troisièmes, qui ne coûtent qu'un franc, les spectateurs étaient rares. La foule des spectateurs ne comprenait que des gens en vêtements de travail, surtout des jeunes : foule grise et d'aspect minable, qui s'oubliait elle-même à la vue des films où défilaient des scènes de la vie luxueuse, intérieurs somptueux, parcs, fêtes brillantes, femmes vêtues et parées pour le bal. Le film leur verse l'illusion et l'oubli. Aucune manifestation ne se produit : ni d'ordre religieux, à la vue d'une scène de mariage dans une église (qui eût été sifflée, il y a dix ans), ni d'ordre moral, au sepctacle de maris trompés, de divorces et de suicides ; ni d'ordre social,

(1) Voir à ce sujet, dans *La Vie Ouvrière*, le chapitre consacré aux ouvriers au théâtre.

devant l'étalage de vies de luxe et d'oisiveté ; rien que l'ébahissement passif en présence de ces images lumineuses et rapides, et sans doute aussi la sensation de délassement, d'oubli de soi-même et d'évasion, pour quelques heures, des tristes réalités.

Un dimanche, je me rends, en matinée, au Ciné « Kermesse ». La salle est sobrement décorée, très vaste, aménagée pour contenir une grande foule et permettre de voir, de toutes les places, toute la scène. Pas un strapontin ne reste libre : c'est une houle de spectateurs : femmes de tout âge, en cheveux, hommes en casquettes ou feutres mous ; jeunes gens, jeunes filles, des familles entières et un pullulement d'enfants. Une partie du programme est consacrée à des exercices d'acrobatie qui excitent l'admiration de ce peuple plus épris des manifestations de la force et de l'adresse que des manifestations de l'intelligence ou de l'art ; pour gagner sa vie, c'est de ses muscles surtout qu'il a besoin et, comme sa culture d'esprit est plus que rudimentaire, l'activité musculaire est celle que, tout naturellement, il comprend le mieux. Un long film se déroule ensuite : « Dudule », qui débute par une parodie du récit biblique d'Adam et Eve au paradis terrestre pour se continuer par une invraisemblable série d'insanités imaginées outre-mer.

Un autre dimanche, le Ciné du Théâtre Municipal refuse du monde un quart d'heure avant le début de la séance de l'après-midi. Le soir, à huit heures trente, toutes les places — amphithéâtre, fauteuils d'orchestre ou de balcon, loges — sont occupées par des familles ouvrières ou des ouvriers endimanchés. Le programme comporte des acrobaties américaines, des scènes de violence ou de gaîté, des amours coupables et des vols et assassinats suivis du châtiment, enfin un cours filmé de jiu-jitsu attentivement suivi par cette foule généralement violente et facilement tentée de faire usage des moyens brutaux.

Un autre après-midi dominical, le Cinéma-Pathé fait défiler successivement des films hilarants et des films tragiques devant une foule où la jeunesse domine et qui, émue et trépidante, remuée par l'émotion ou secouée par le rire, suit le déroulement des images dans un silence passionné que rompent parfois de brusques et drus applaudissements ou des fusées de joyeux éclats.

« Kermesse », un dimanche, donne en matinée une opérette : « La Divorcée ». A côté de moi, une femme dit à sa voisine : « Regardez ce qu'elle est grosse, la *placeuse !*... — Là ?... interroge la voisine. — La placeuse. A Paris, on appelle ça une ouvreuse... Dimanche, on ira voir *Le Crime du Bouif*, à Paris. Alors, je mettrai un chapeau. Mais ici... Allons ! tiens donc tes pieds tranquilles ! » fait-elle brusquement, s'adressant à sa fillette. L'adultère et le divorce fournissent l'inévitable sujet de cette opérette : les mots à double sens, les grosses plaisanteries, le jeu grotesque des acteurs amusent un public peu difficile. Trois jeunes filles, mes voisines pauvrement vêtues et de visage honnête, se réjouissent de voir prononcer un divorce qui leur semble légitime et nécessaire. C'est ici et par le journal, à l'atelier et dans la rue, qu'elles sont catéchisées ; elles s'attachent aux idées auxquelles tout conspire pour les lier. La conscience morale populaire se forme maintenant à ces sources.

Le Casino et le bal sont plus pervertisseurs.

Le Casino donne une « Revue ». La nombreuse assistance est composée presque en totalité de jeunes et même de très jeunes éléments : adolescents des deux sexes ; couples précoces et singulièrement équivoques ; petites jeunes filles à l'air provocateur, en cheveux dont de grosses masses bouffantes sont ramenées sur les tempes et sur les joues ; jeunes garçons de quatorze à quinze ans ; tout un public de jouvenceaux alléchés par les déshabillés prometteurs de l'affiche-réclame et par la réputation de l'établissement ; et aussi des bandes de fillettes et de garçonnets ; je ne vois pas de familles en groupe, comme dans les cinématographes, mais quelques mères et grand'mères avec leurs petites filles. La variété du spectacle, elle aussi, les attire et les charme : le mélange de dialogues et de chants, de musique et de danse, les nombreux et rapides changements de sujets, de décors et de costumes, font la joie de leurs yeux. Mais, sous ces apparences brillantes et fleuries, ce public jeune et ardent, parfois vicieux déjà, quête et trouve l'excitation de son imagination sensuelle ; tout y vise et y atteint : attitudes, gestes, costumes, mots équivoques ou grossiers, grivoiseries et malpropretés qui émaillent tout le spectacle. Il convient de se montrer satisfait de la concurrence, meurtrière pour les casinos et les cafés concerts, des Cinématographes ; si tout n'y est pas à louer, tout n'y est pas encore à blâmer.

Non moins pervertisseur est le bal qui, plusieurs

fois par semaine, attire une nombreuse jeunesse. L'entrée coûte trois francs pour un cavalier et deux francs pour une dame. Dans l'énorme salle aux murs peints en rouge vif, c'est une grosse affluence de jeunes gens aux mises élégantes, employés de commerce ou de bureau avec quelques ouvriers mécaniciens, et de jeunes filles parées de jolies toilettes qui, à l'exception de quelques décolletages audacieux, sont fort décentes. Plusieurs mères aux cheveux gris accompagnent leurs filles. Dans la cour, devant les portes ouvertes, des curieux se pressent : « Regarde, dit un adolescent à son ami, le Frisé est là. Et aussi la Môme de la Butte... » Aux valses classiques et au boston, succède le tango langoureux et lent, lascif et compliqué, chorégraphie aphrodisiaque inventée, semble-t-il, pour de vieux messieurs fatigués ; la plupart des jeunes couples s'y adonnent avec un abandon significatif. Bras nus, épaules presque nues sous les agrafes d'un fantôme de corsage, une jeune fille se fait remarquer par sa haute coiffure qu'un cercle brillant de strass divise en deux étages ; sa jupe très courte disparaît à moitié sous un flot de rubans flottants...

Bien avant le casino et le bal, le garni et la rue ont fait l'éducation des âmes. Chaque soir, toute la Grand'Rue est transformée en un marché plein d'animation. Parfois, montés sur des tréteaux improvisés, des camelots offrent, vendent, au cours d'un ahurissant boniment, leur marchandise : bretelles, porte-monnaie, chaînes de montre. L'un d'eux étale des planches d'anatomie humaine, à feuillets superposés, qu'il ouvre complaisamment et commente en détail devant un auditoire d'une douzaine d'enfants avides de ces leçons, garçonnets et fillettes de sept à douze ans : Cempuis dans la rue, à la portée de tout le monde. Dans la Grand'Rue, entre les deux églises, vers sept heures, règne une grande activité : la population travailleuse s'y déverse, hommes et jeunes gens qui se promènent ou font quelques courses, femmes occupées aux achats pour le repas du soir ; car toute la vie ouvrière oscille entre ces deux pôles, travailler pour manger et manger pour travailler. A l'angle d'une rue, des musiciens ambulants chantent et vendent la romance du jour, *Rêve de valse*. Enfants, jeunes gens et jeunes filles se pressent, faisant cercle :

*« Demain, c'est l'affreux mariage,*
*Demain, la tristesse et l'ennui,*
*Demain, j'essaierai d'être sage,*
*Je veux être jeune aujourd'hui !*

.................................

*Valse de rêve, valse d'amour !*

.................................

*Son rythme m'appelle et j'obéis.*
*Elle dit : Garde ta liberté !*
*Là-bas, regarde : c'est la gaîté !*

.................................

*Et j'ai vingt ans !*................

.................................

*Et c'est l'amour ! »*

Et, « au rythme berceur » de la valse « dont la langueur magicienne vous pénètre de sa douceur », la rue prêche à la jeunesse ouvrière la morale du ruisseau.

Toutes les boutiques, brillamment éclairées, étalent leurs séductions, le mercredi excepté : ce jour-là, les commerçants prennent leur repos hebdomadaire, comme si, avec la journée de travail réduite et la semaine anglaise, la population ouvrière ne pouvait aisément conclure ses achats les jours serviles. Mais, chaque soir, sans exception, jusque vers sept heures trente, une longue file de petites voitures de légumes et de fruits s'allonge contre le trottoir, entourées d'essaims d'acheteuses pressées. Cette foule mêlée accuse la diversité d'origine de ses éléments : blonds filasse du Nord et surtout Celtes blonds émigrés de Bretagne, bruns Méridionaux au verbe sonore, Italiens, Espagnols, Arabes ; on entend des voix faubouriennes à l'accent traînant, et l'on est surpris par la grossièreté de ton et de langage chez des jeunes à la mise élégante d'employés de magasin ou de bureau.

A huit heures, le marché est terminé, les petites voitures ont disparu. La plupart des habitants, rentrés chez eux, dînent. C'est l'heure de la promenade : jeunes gens qui flânent, jeunes filles bruyantes, femmes en cheveux, couples douteux, conciliabules aux coins des rues, jeunes hommes en casquette, le veston ouvert sur la chemise sans faux-col, et chaussés de cuir, ou de bottines en cuir et drap, ou tout simplement d'espadrilles. Dans quelques bars, des consommateurs ; dans quelques débits, des joueurs ; dans les petits restaurants, des dîneurs. Lorsque neuf heures sonnent, les passants sont devenus rares. A dix heures, les rues sont désertes.

Saint-Denis a l'aspect d'une ville ouvrière de province, mais où l'on sent l'influence du voisin très proche, Paris, dont elle reste comme un faubourg détaché et qui se particularise.

Contre les forces mauvaises, deux paroisses, et, dans chacune d'elles, cinq messes dominicales auxquelles assistent trois à quatre mille fidèles, dont à peine le dixième d'hommes : voilà le bilan de la pratique religieuse d'une ville de 76.000 âmes.

A la messe paroissiale de neuf heures, assistent les écoles chrétiennes, ainsi que les hommes et jeunes gens de la paroisse.

La petite troupe de fidèles qui fréquente les offices dominicaux reflète bien la composition de la ville : quelques bourgeois exceptés, ce ne sont que petites gens, modestes et recueillis, humblement vêtus, pieux, fervents même, mais qui, sortis de la maison de prières, seront perdus dans la masse indifférente ou hostile. Aux deux extrémités de la Grand'Rue grouillante de monde, l'originale église neuve, conçue par Viollet le Duc, et la magnifique basilique royale due au génie constructeur des grands moines bénédictins attendent, solitaires, que les foules aient appris le chemin conduisant à ces temples de la foi, source de toute vie. Une dizaine de prêtres, absorbés et même débordés par la tâche paroissiale, s'attristent sous les voûtes silencieuses de ne pouvoir atteindre la multitude des âmes emmurées dans les exigences matérielles de la vie et dans l'erreur. Et nul ne voit que les situations nouvelles exigent des procédés nouveaux et appropriés, que chaque époque doit perfectionner les moyens d'apostolat traditionnels ou les renouveler par des méthodes que les âges anciens ne connurent pas. Le danger que courent constamment tous les ordres religieux n'est-il pas de devenir prisonniers de formules anciennes et autrefois fécondes, d'avoir peine à se rajeunir en s'adaptant et, s'ils n'y prennent garde, de finir par survivre comme des fantômes à des souvenirs dont ils ne portent plus que l'ombre ?

Voilà trop peu d'années que les catholiques ont commencé à comprendre l'importance du rôle de la presse dont leurs ennemis font usage, en la perfectionnant sans cesse, depuis cent ans. L'action par la parole dans les conférences publiques et surtout par la puissante suggestion du cinématographe, leur reste ordinairement étrangère et ils semblent incapables d'imaginer de nouveaux moyens d'apostolat qui le ferait direct, intime et incessant. Ont-ils donc oublié ces leçons de l'Evangile où nous lisons que le Christ, pour atteindre les âmes et les nourrir, commençait par satisfaire la faim du corps en multipliant les pains et les poissons qu'Il distribuait à la foule fatiguée ? La vie des ouvriers est laborieuse, dure, incertaine, menacée et sans joies ; ceux qui ploient sous le fardeau et peinent ne comprendront qu'on les aime que si d'abord on allège le poids qui pèse sur leurs épaules ; celui qui prendra en mains les intérêts matériels des classes populaires acquerra des titres à gérer leurs intérêts intellectuels, moraux et spirituels ; à tous, il apparaîtra que le bienfaiteur des corps prouve sa capacité à être, pour les âmes aussi, un bienfaiteur. Beaucoup de prêtres le reconnaissent aujourd'hui : « Ah ! si nous avions compris le syndicalisme, il y a quarante ans ! » Mais beaucoup trop, maintenant encore, n'en comprennent pas le rôle bienfaisant et nécessaire et s'imaginent que toute difficulté est résolue à jamais s'ils ont réussi à attirer les ouvriers dans une confrérie ! Comme si une association d'ordre purement spirituel possédait la vertu de résoudre, par elle seule, des problèmes matériels d'ordre technique ! Comme si, en fût-elle, par miracle, devenue capable, elle ne cesserait pas de rester inefficace de fait, puisqu'elle suppose une foi préalable en un certain Credo et que précisément cette foi, loin d'être acceptée et affirmée, est délibérément niée et combattue !

A la sortie de la messe paroissiale à la basilique, je vois, du parvis, s'étaler la Grand'Rue, noire de monde s'empressant dans les boutiques, et le marché de l'Hôtel de Ville tout pullulant d'une foule affairée à ses achats alimentaires. Un cercle s'est formé autour de chanteurs ambulants : « Demandez la dernière chanson du jour !... Je vais vous dire le premier couplet !... Attention !... »

« *Pardon Mam'zelle, vous perdez vot' bas !*
*Faut pas vous fâcher ! Moi j' m'en plains pas !*
........................................ »

Des adolescents, des fillettes, des jeunes filles écoutent et se délectent de cette musique, de cette poésie, de ces sentiments. Près de moi, une toute jeune femme

— on dirait une très jeune fille — l'alliance au doigt, a acheté la chanson, la lit, la scande, s'en imprègne... Et voici qu'éclate une fanfare joyeuse : la Société catholique de gymnastique vient de sortir de la basilique et elle s'engage, drapeau au vent, dans l'artère centrale de la ville. Aux premiers coups de clairon, une toute jeune fille sort sur le seuil d'un bar, s'écriant : « C'est encore les curés, au moins ! » Elle regarde. Et elle gémit : « C'est eux ! » Voilà qui est intolérable ! Puisque les libres-penseurs et les révolutionnaires n'ont plus le monopole de la rue, la liberté est violée. La Grand'Rue est pleine de monde : promeneurs, acheteurs, ménagères faisant leurs provisions. Ils regardent un instant le défilé : deux douzaines d'hommes et de jeunes gens, autant d'enfants, cinquante sociétaires en tout, qui font du bruit comme cinq cents. Deux heures plus tard, au restaurant breton, l'un des pensionnaires demande à son voisin : « T'as vu leur défilé ? — Oui, répond l'autre ironiquement : c'est la mobilisation générale ! — Mais, surenchérit un troisième, c'est la foule dans la rue qui faisait du monde... » Et ils se gaussent de la courageuse petite troupe qui a traversé la ville, drapeau déployé.

... La pluie d'automne tombe sans arrêt. La cité ouvrière est plus sombre et plus sale encore que la capitale. Plus bas et plus embrumé, le ciel y est comme une plaque d'étain assombrie par de lourdes vapeurs. Inlassable et silencieuse, se poursuit la chute d'une petite pluie abondante et fine, comme si venaient fondre là toutes les buées de la terre, image du Désespoir en larmes dans un deuil éternel. Des maisons surgissent dans le demi-jour lugubre, ainsi que de sombres fantômes ruisselants. Le sol disparaît sous l'enduit, qui semble indestructible, d'une boue gluante et noire. Le troupeau gris des travailleurs passe, à de certaines heures, en longues théories silencieuses : multitude qui se hâte sous l'ondée en pataugeant dans les flaques où les lumières mettent, la nuit venue, leurs mélancoliques reflets. Dans les maisons, dans les taudis, l'humidité pénètre, se condense sur les murs, imprègne vêtements, linge, literie, meubles, parquets. Et nul autre moyen de fuir cette tristesse déprimante que de se réfugier au lit dans le sommeil, ou au cabaret, au cinéma, au casino, au bal, jusqu'à ce que l'atelier reprenne sa proie.

---

## CHAPITRE II

# LEVALLOIS-PERRET

### § I. — **Logements, restaurants et spectacles.**

Saint-Denis est une ville ancienne, isolée de Paris, dont elle subit l'influence sans abdiquer sa personnalité. Saint-Ouen (1) relève du type « banlieusard » : c'est le long faubourg moderne, fade, monotone, écœurant de banalité. Levallois-Perret n'est qu'une simple dépendance de Paris, artificiellement isolée de la capitale par la ligne des fortifications, et un prolongement des riches quartiers du Nord-Ouest, la suite naturelle du quartier de Courcelles : voies droites, pleines d'air et de lumière, beaux immeubles neufs parmi lesquels subsistent encore quelques grands jardins et de petites constructions basses, grises, plus nombreuses du côté de la porte d'Asnières, derniers vestiges du temps où Levallois n'était qu'un modeste village suburbain. Dans la plupart des rues à l'atmosphère de demi recueillement et d'élégance, règne une animation silen-

(1) V. *Ouvriers parisiens d'après-guerre.*

cieuse et discrète qui rappelle celle du secteur symétrique de la capitale. Mais ce moderne, clair et propre Levallois est surtout une cité ouvrière, et une municipalité communiste la gouverne. Le grand nombre d'ateliers et d'usines, qui en atténue seul les bourgeoises apparences, laisse à peine soupçonner cette réalité, étant relégués à la périphérie et installés dans des bâtiments neufs, amples, clairs, qui réalisent un progrès remarquable sur les fabriques repoussantes dont par malheur se contenta le dernier siècle. Un certain nombre d'ouvriers travaillant dans ces usines habitent Paris ou, réciproquement, habitant Levallois, vont travailler dans la capitale ; ces échanges incessants ajoutent à la physionomie parisienne de Levallois-Perret. Son aspect aisé, vivant, joyeux est dû, pour partie, à ces éléments versés chaque jour dans une population elle-même façonnée par son intimité avec la capitale, où elle fréquente si volontiers, et, pour partie, à ses nombreux cinés, théâtres et concerts, où figurent souvent des artistes parisiens réputés ; pendant mon séjour, je lis l'annonce de la proche venue de Gémier avec la troupe de l'Odéon.

Levallois est le royaume des autos de place et, par suite, forme un centre important de construction ou de réparations pour autos, taxi-autos, carrosserie d'automobiles. Ce centre attire et retient un grand nombre d'ouvriers mécaniciens, menuisiers et peintres.

Les conducteurs de taxi-autos forment un élément important de la population ouvrière de Levallois. A leur régime très particulier de travail, ils doivent une psychologie très spéciale ; l'indépendance, l'individualisme et la fantaisie qui caractérisent leur « service » se retrouvent dans leur tournure d'esprit. Chaque fois qu'une occasion de grève se présente, ils la saisissent pour se donner un congé. Ils gagnent de trente à quarante francs net par jour. Leur gain demeurant sous la dépendance des pourboires, le pourboire leur apparaît comme la règle fondamentale des échanges économiques et ils l'appliquent scrupuleusement dans tous les rapports sociaux où ils ont, non plus à donner un service, mais à le recevoir : c'est un pourboire — cinquante centimes — qu'ils remettent chaque matin à leur laveur de voiture ; et, lorsqu'ils ont quelques affaires personnelles à régler avec leur directeur, ils ne quittent pas son bureau sans lui laisser un pourboire qu'à raison de sa dignité ils estiment ne pouvoir être inférieur à vingt francs. Tout le petit monde des conducteurs de taxis s'incline respectueusement devant la loi du bakchich.

Aux travailleurs français, se mêlent en quantité appréciable les travailleurs étrangers. A la Porte de Champerret, les tramways de Colombes, Courbevoie, Bezons, Puteaux s'emplissent toujours d'ouvriers et de gens de très petite condition, porteurs de gros paquets et de ballots, auxquels se mêlent des Kabyles et des Chinois, manœuvres dans les usines de la banlieue. A Levallois, habitent un assez grand nombre de manœuvres d'Algérie, quelques Chinois et des ouvriers espagnols, italiens, grecs, dont on entend dans les rues la langue harmonieuse. Un électricien italien habite dans mon garni. Un soir, je rentre en tramway à côté d'une famille juive, de condition modeste et d'importation récente, car ils parlaient alternativement yidish et mauvais français. Plus que jamais, Paris et la banlieue deviennent Cosmopolis.

Il ne reste plus dans Levallois qu'un petit nombre de taudis ouvriers, groupés au voisinage de la porte d'Asnières : vieilles maisons, aux murs noirs, légèrement construites en moëllons et d'aspect sordide, où habitent surtout les musulmans algériens venus pour louer leurs bras dans les usines. Les chambres les moins chères coûtent dix francs par semaine. J'ai dû parcourir une dizaine de garnis avant de trouver une pièce libre. Tous les hôtels du quartier de la porte d'Asnières étant au complet, il m'a fallu poursuivre mes recherches en me dirigeant vers le centre de la ville. Les hôtels ouvriers qui s'y trouvent sont installés dans des bâtiments anciens, à un ou deux étages, et dépendent d'un débit de vin. Dans deux ou trois, plusieurs appartements s'ouvrent sur des cours étroites et sombres. La chambre que j'ai fini par découvrir est petite, — moins de trois mètres sur deux — propre d'aspect, tendue de papier neuf, de couleur rose, meublée d'une petite armoire en bois blanc, d'une table et d'une chaise à demi disloquée, d'un lit de fer et d'une toilette munie d'une unique serviette, à peine plus grande qu'une serviette à thé. L'éclairage électrique y est installé. Les cabinets, dans la cour, sont pourvus d'une chasse d'eau et proprement tenus. La fenêtre de ma chambre ouvre sur la rue et sur un jardin potager qui s'étale de l'autre côté de la chaussée, derrière un mur bas. Tous ces agréments ne compensent pas l'ennui d'être tourmenté par les punaises que mes prédécesseurs m'ont laissées. Et le prix que je dois payer s'élève à vingt francs par semaine. Mon logement me coûte donc deux francs quatre-vingt-cinq centimes par jour. Chaque repas revient en moyenne à trois francs cinquante et la collation matinale — café et pain — à soixante-dix centimes. Soit une dépense quotidienne de dix francs cinquante-cinq pour la table et le couvert.

Voici une note de blanchissage pour la semaine :

| | |
|---|---|
| Chemise .................. | 0 90 |
| Flanelle .................. | 0 90 |
| Caleçon .................. | 0 90 |
| Paire de chaussettes ...... | 0 30 |
| Mouchoir ................ | 0 20 |
| | 3 20 |

Il existe des bains-douches municipaux.

Les prix du marché semblent un peu plus élevés qu'à Saint-Denis, à en juger par ce détail que le raisin se vend un franc vingt la livre au lieu de quatre-vingts centimes. J'étais payé, comme manœuvre spécialisé, un peu plus cher que comme simple manœuvre à Saint-Denis : deux francs quinze l'heure, soix dix-sept francs vingt pour la journée de huit heures, et, comme nous faisions neuf heures, je gagnais dix-neuf francs trente-cinq par jour.

Les chambres qui donnent sur la cour, toutes occupées, sont encore plus petites et leur prix s'élève à seize francs. L'inconvénient de mon hôtel, comme de beaucoup d'autres, est que je ne puis y entrer ou en sortir sans passer par le débit : c'est, pour l'ouvrier, la sollicitation continuelle, et, comme je ne suis pas un habitué du comptoir, les logeurs me traitent avec une extrême froideur ; ils servent également les repas ; aussi me font-ils la mine lorsque je n'ai pas au moins dîné chez eux. Et cependant, comme ils ont très peu de pensionnaires, leur menu est moins varié qu'ailleurs et plus coûteux qu'au restaurant coopératif. En voici un exemple :

| | |
|---|---|
| Demi-setier de vin rouge .. | 0 55 |
| Pain .................... | 0 25 |
| Foie sauté ............... | 1 60 |
| Haricots .................. | 0 60 |
| Petit suisse .............. | 0 60 |
| Pourboire ................. | 0 20 |
| | 3 80 |

Dans les restaurants coopératifs, les légumes coûtent seulement cinquante centimes, la viande avec légumes un franc vingt-cinq, le demi-setier cinquante centimes. En y prenant deux plats de viande, je dépense à peu près le même prix qu'à l'hôtel :

| | |
|---|---|
| Demi-setier ................ | 0 50 |
| Pain ...................... | 0 15 |
| Tête de veau .............. | 1 25 |
| Ragoût de mouton ........ | 1 25 |
| Cœur à la crême .......... | 0 60 |
| Pourboire ................. | 0 20 |
| | 3 95 |

Un menu maigre permet de réaliser une sensible économie :

| | |
|---|---|
| Pain .................... | 0 20 |
| Demi-setier .............. | 0 45 |
| Poireaux à l'huile ........ | 0 30 |
| Maquereau grillé .......... | 1 » |
| Haricots verts sautés ...... | 0 30 |
| Pourboire ................. | 0 20 |
| | 2 45 |

Partout, des carafes ou bouteilles d'eau sont placées sur toutes les tables, et les consommateurs ne boivent que la chopine ou le demi-setier de vin. Je n'ai jamais rencontré un seul homme ivre. Cela ne veut pas dire qu'il n'y en ait jamais, mais sûrement le fait est rare.

Dans un restaurant du quartier des usines, vers la Seine, sur dix clients, je compte deux Arabes et deux Grecs. Dans un autre, fréquenté par les ouvriers des établissements voisins, sur douze convives, sept lisent leur journal : l'un d'eux parcourt *L'Œuvre* ; un autre, *Le Journal* ; un autre, *Le Petit Parisien*, et quatre, *Le Matin*. Dans un troisième restaurant, à midi, une violente discussion s'élève entre deux clients au sujet d'un film cinématographique représentant le match Carpentier-Siki : « Ce film est truqué ! crie l'un d'eux. Et puis, d'abord, Carpentier, je lui souhaiterais d'avoir les deux pattes cassées !... Je lis les journaux de sport, moi !... » Avant la guerre, les conversations avaient pour objet le socialisme révolutionnaire, la lutte contre le cléricalisme. Aujourd'hui, on n'entend parler que de sports, de cinés et quelquefois de femmes.

« *La Famille nouvelle, Société des restaurants coopératifs publics, fondée par les Ouvriers en voiture, en 1900* » : c'est la mention inscrite en tête des menus de cette institution socialiste révolutionnaire. Levallois possède deux de ces établissements, et Paris, sept, ouverts à tout venant et qui rendent les plus grands services. Le restaurant coopératif de la rue Cavé, dans le quartier des usines qui borde la Seine, occupe une très vaste salle, très proprement tenue ; les portions y sont abondantes et fort bien préparées. Au repas de midi, une foule d'ouvriers pressés l'envahit et ne trouve pas toujours des places libres. Je note, une fois, parmi les consommateurs qui, tout en mangeant, lisent leur journal, un lecteur de *L'Humanité*, un lecteur du *Journal*, un du *Petit Parisien*, trois de journaux de sports. Ni à midi, ni le soir, le grand établissement de la rue de Courcelles (devenue rue Président-Wilson) ne désemplit : il contient près de deux cents places et l'on y sert au moins deux séries de repas. Sur le mur du fond, s'étale en grands caractères la célèbre formule : « Travailleurs de tous pays, unissez-vous. » Aux vitres de la façade est apposée une affiche qui contient un pressant appel en faveur des syndicats communistes de Levallois. Pendant le dîner, le vendeur de *L'Internationale* parcourt la salle, offrant sa feuille avec insistance et sans grand succès : il en vend péniblement une quinzaine. Lorsqu'il essuie un refus qui ne laisse plus de place à la moindre espérance, il tire de sous sa veste

*La Presse* et *L'Intransigeant* qu'il y tient en réserve et les écoule sans vergogne. Aux tables de marbre, coude à coude, se presse une foule grise, en vêtements usagés, fripés, salis par le contact des mains qui viennent d'achever leur travail et par le frôlement des vestiaires d'atelier : vêtements incolores et sombres, nuance de poussière, chemises sans col ni cravate et souvent crasseuses, chaussures salies, réparées, à bout d'usage, casquettes de drap graisseux. On voit là des hommes de tout âge ; quelques femmes avec leur mari, même le soir ; beaucoup de jeunes gens. Ils mangent avec hâte, silencieusement, lorsqu'ils ne ne forment pas des groupes de camarades ; ils interpellent les servantes qui répondent rapidement, parfois avec brusquerie, et tutoient familièrement les habitués. Une lumière crue tombe sur tous les visages, montrant avec quelle rapidité, presque sans transition, la fraîcheur de la jeunesse disparaît chez les ouvriers d'usine pour faire place aux traits durs des faces tannées et creusées de rides.

Une affiche apposée aux glaces du restaurant coopératif (rue Président-Wilson) annonce depuis quinze jours que, dans la salle même du restaurant, aura lieu, à vingt heures trente, une conférence sur « l'éducation des enfants d'ouvriers » et « l'orphelinat de l'avenir social », œuvre communiste. « Voulez-vous, y lisait-on, laisser aux prêtres le monopole de l'enfance ouvrière ? » Au jour dit, je vois une foule de travailleurs se hâter, dès avant huit heures trente, au Ciné voisin qui renouvelle son programme. La conférence communiste, faute d'auditeurs, ne commence qu'à neuf heures quinze, comptant en tout seize hommes et huit femmes. L'indifférence générale du public, regrettable si elle accuse plus de goût pour le plaisir que pour les préoccupations généreuses, prouve aussi à quel point il est devenu étranger aux mauvaises querelles dont l'anticlériralisme avait, avant la guerre, empoisonné notre pays.

Le centre communiste de Levallois est installé dans un immeuble neuf, aménagé pour loger ses bureaux, réunir ses comités, donner des conférences, et dénommé « Maison commune ». Peu de jours avant mon arrivée à Levallois, une réunion générale des syndiqués de la localité s'y était tenue, sur l'initiative du Comité intersyndical, qui invitait, de la façon la plus pressante, tous les syndiqués à y assister, « en raison de la période particulièrement difficile que traverse la vie syndicale », lisait-on encore sur une vieille affiche. Quel aveu de la déroute du parti révolutionnaire en France !

Passant un soir, vers dix heures, devant la « Maison commune », que j'avais toujours vue jusqu'alors sombre et déserte, je suis tout surpris d'apercevoir au premier étage deux fenêtres fortement éclairées. Il en partait de grands éclats de voix et, du trottoir, on entendait l'orateur invoquant sans cesse « le Parti », « les exigences du Parti », « les intérêts du Parti ». Des ouvriers, il n'était point question. L'amélioration de leur condition, les réformes désirables, les progrès réalisables, tout cela restait étranger au petit comité qui, réuni là-haut, délibérait sur les meilleurs moyens d'assurer, par la ruine du pays tout entier, le triomphe du « Parti ». Les révolutionnaires forment une faction qu'animent des appétits et des passions, non des idées, pas plus que le désir de porter secours à la multitude ouvrière, ou le souci du bien public.

Alléché par une affiche répandue à profusion sur les murs et qui, rédigée en termes violents sous le titre émouvant de « Massacreurs et forbans », invitait les ouvriers métallurgistes à assister, un dimanche matin, à Paris, à un grand meeting de protestation contre la répression de la grève du Havre et en faveur de la journée de huit heures, je me rends à la Maison des Syndicats, 33, rue Grange-aux-Belles. Il est dix heures trente, le meeting bat son plein : je compte cent trente auditeurs perdus dans la vaste salle. C'est un four noir. L'orateur, en concluant son discours, ne peut se retenir d'en faire l'aveu : « Je vous conjure de vous livrer à une propagande active, tout autour de vous, dans les ateliers. Parce que le meeting n'a pas réussi — cet échec n'est pas le premier ni ne sera le dernier — ce n'est pas une raison pour ne pas travailler à secouer l'apathie de la classe ouvrière à l'égard du syndicalisme révolutionnaire ! » Apathie bien compréhensible : le syndicalisme révolutionnaire n'a rempli aucune de ses promesses et les ouvriers, si souvent trompés, se tiennent sagement sur une réserve que tout justifie.

A l'entrée de la salle, sur une longue table, sont mis en vente des placards, manifestes, caricatures, chansons, cartes postales illustrées avec portraits de Marty et de Badina, les marins révoltés de la Mer

Noire, ou « *Poincaré chez ses morts* (*Verdun, 4 juin 1922*) — *L'Homme qui rit* », et cette légende : « Comme l'assassin retourne toujours au lieu de son crime, Poincaré-la-Guerre, dès qu'il le peut, gagne les régions mortes où reposent les victimes de sa criminelle ambition. Au milieu des croix, il redresse sa taille de nabot et... à contempler ce champ de désastres, il sent soudain la joie monter de son cœur à sa bouche et l'homme qui ne rit jamais *se met à rire !* » Enfin des brochures et des livres : « *La procréation volontaire* », « *Comment éviter la grossesse* », « *Coupes du bassin de la femme* » (planches anatomiques), des pamphlets de Sébastien Faure, un volume de Trotsky « *Nouvelle étape* ». Les acheteurs font grève. Le préposé à la vente, m'entendant lui demander le prix du numéro exceptionnel du journal « *La Métallurgie* », me répond, joyeux, par le don d'un paquet d'une trentaine de ces feuilles et de placards de la C.G.T.U. dont il espère que je m'instituerai propagateur. J'achète alors le volume de Trotsky et quelques chansons révolutionnaires. Comme le tout coûtait neuf francs cinquante, le vendeur, enchanté de cet important achat, y ajoute, à titre de prime, une caricature en couleurs et plusieurs journaux révolutionnaires. Et il me demande, alléché par ma candide ardeur à m'embarrasser de tout ce papier noirci : « Et les coupes du bassin de la femme ?... »

Rentré dans ma chambre, je fais une rapide analyse de mes acquisitions.

Le placard de la « *Confédération générale des travailleurs unitaires* », adresse, en faveur du « Syndicat des ouvriers et des ouvrières sur métaux et similaires de la Seine », un appel « aux métallurgistes » contre le projet de loi déposé au Parlement en vue « de ramener la journée normale à neuf heures avec possibilité de faire des heures supplémentaires jusqu'à concurrence de douze heures de présence à l'usine par jour... ». Le manifeste fait remarquer que « les ouvriers, en acceptant les heures supplémentaires que demandent ces Messieurs, jetteraient sur le pavé des milliers de camarades, provoqueraient le chômage et la misère. Qu'en résulterait-il ? La baisse inéluctable des salaires... Camarades métallurgistes..., seule, votre volonté peut faire respecter la loi et échouer la proposition de vos patrons. En défendant la loi de huit heures, vous garantissez votre droit au repos, vous affirmez ne plus vouloir être considérés comme des bêtes de travail, vous voulez disposer des loisirs qui permettent de s'éduquer et de bénéficier de la vie familiale ».

Près de la moitié de la première page du « *Métallurgiste, organe mensuel de la Fédération unitaire des métaux* », est occupée par un dessin de Grandjouan, qui montre des grévistes piétinés, sabrés, transpercés de baïonnettes au cours d'une charge de dragons ; avec cette légende « Les victoires de la troisième République, Le Havre », et cette citation : « Allez à la bataille avec des piques, des pioches, des pistolets, des fusils ; loin de vous désapprouver, je me ferai un devoir, le cas échéant, de prendre une place dans vos rangs ! » (Aristide Briand, déc. 1899). Le dessin s'étale entre deux articles intitulés, l'un : « Le travailleur a toujours le choix entre la mort ou la prison », et l'autre « Etape tragique », avec cette citation de Jean Jaurès : « La route qui mène à la justice sociale est longue et bordée de tombeaux ».

Le premier numéro d'un journal intitulé : « *Le réveil de l'esclave* » expose ainsi son programme : « Pas plus le parti communiste que le parti social, républicain, royal, anarchiste ou syndicaliste ne peuvent donner l'émancipation réelle. C'est en marge des systèmes qu'il faut agir et celui qui reste inféodé à un Credo sera toujours un esclave... Nous n'avons pas de patrie ! Nous n'avons pas de Credo ! Nous n'avons pas de Dieu ! » Et voilà le nihilisme pur, qui dépasse le communisme et l'anarchisme, et qui est tout de même un Credo au maximum de l'absurdité.

« *La voix des femmes, hebdomadaire féministe* », fait l'apologie du suicide social et du suicide individuel. En faveur du premier, je lis, dans l'article : « Les enfants dans les choux » : « L'élevage ne rend pas ; la crise du cheptel d'usine et de caserne augmente d'acuité... Marianne ne sait plus faire d'enfants... L'élevage ne va plus... Nos compatriotes ont cessé d'être des imbéciles ; c'est même le seul bénéfice qu'ils aient tiré de la guerre et il est juste qu'ils en usent. Ce n'est point qu'ils aient la haine de l'enfant... C'est parce qu'il les aime trop et mieux, que le peuple leur fait grâce de ne pas les laisser naître. S'esclavager pour créer des esclaves ! Merci bien. Ses maîtres lui ont d'ailleurs donné l'exemple des enfantements prudents ». En faveur du suicide individuel, cette feuille exalte « Georgette Sembat : c'était une femme admirable et le plus bel éloge que l'on puisse faire d'elle, c'est qu'elle sut vivre et mourir parce qu'elle sut aimer... Quand la flamme qui animait sa vie disparut, Georgette Sembat éteignit volontairement la lumière trop faible pour alimenter désormais son activité. Et elle entra avec lui dans le torrent mystérieux de la vie universelle... En cette époque fertile en mélodrames de jalousies stupides et de sensualités vulgaires, cette mort apparut dans une âpre et étrange beauté. Ce fut partout un frisson immense d'admiration émue ».

L'illustré « *Les Crucifiés* » consacre un numéro aux « Choses russes », sur lesquelles il conclut en ces termes : « Le Russe, après un long sommeil, s'est réveillé. Il est pour le monde maintenant ce que fut le Français en 1793 ».

« *Nouvelle étape* », publié par la « Librairie de l'Humanité » dans la « Bibliothèque communiste », se compose de deux discours filandreux de Trotsky. « En guise de préface », l'auteur nous apprend que « ce livre est consacré à la nouvelle étape du développement de la révolution prolétaire internationale. Comme jalons qui déterminent cette nouvelle étape, on peut considérer : l'insuccès de la marche de l'Armée rouge sur Varsovie (août 1920), la débâcle du puissant mouvement révolutionnaire du prolétariat italien en septembre 1920... » Singulier développement de la Révolution que celui que jalonnent deux de ses plus retentissant échecs ! Et singulière logique de l'auteur ! Le spectacle de cette double déroute ne l'empêche pas de conclure avec sérénité son premier discours par ces paroles : « Je le répète : la situation mondiale et les perspectives de l'avenir sont profondément révolutionnaires. Telles sont les prémices nécessaires de notre victoire ». Ce Trotzky sait se contenter de peu. Réjouissons-nous avec lui.

« *La Muse de sang* » est un recueil de poésies antimilitaristes et révolutionnaires dont l'auteur, Marc de Larréguy, a été tué à la guerre :

*« Je parle en votre nom, ô Frères ignorés*

.................................................

*Je parle en votre nom, ô Parents qui pleurez*

.................................................

*...... en votre nom, muets amis de la tombe*

.................................................

*En votre nom à tous, je m'adresse à la foule*
*Pour qu'elle arbore enfin, sur l'Univers qui croule,*
*Le Drapeau de Révolte et de Fraternité. »*

(LE DRAPEAU DE RÉVOLTE, p. 29.)

*« Depuis les jours de Charleroi*
*Et la retraite de la Marne,*
*J'ai promené partout ma « carne »*
*Sans en comprendre le pourquoi.*

...................................

*A cette guerre je m'acharne*
*Sans en comprendre le pourquoi.*

...................................

(LES SOLILOQUES DU SOLDAT, p. 44.)

De nombreuses chansons m'ont été remises, ce genre populaire étant sans doute tenu pour un puissant moyen de propagation des idées. En voici quelques extraits :

## CHANSONS DE LOUIS LORÉAL.

### *L'ARMÉE*

*« ..............................*
*Un jour, si l'ordre de tirer*
*T'est donné par cette racaille,*
*Ne lève pas la crosse en l'air,*
*Mais choisis pour tirer, c'est clair,*
*Entre patrons et galonnailles. »*

### *AUX LANTERNES.*

*« Veux-tu que le retour des guerres*
*Soit impossible à tout jamais ?*
*........................................*
*Pendons tous les généraux.*
*........................................*
*Veux-tu que le taux de la vie*
*Revienne comme aux temps meilleurs ?*
*........................................*
*Pendons tous les mercantis.*
*O Peuple, veux-tu, des mines,*
*Ne plus enrichir l'exploiteur ?*
*........................................*
*Emparons-nous des ateliers*
*Et pendons tous, jusqu'aux derniers,*
*Les capitalistes : aux lanternes !*
*........................................*
*Pendons les gens des châteaux.*
*........................................*
*Décrétons la Révolution*
*Et pendons sans hésitation*
*Tous les gouvernants aux lanternes ! »*

### *LEUR DERNIÈRE VALSE.*

*« Tournez, glissez, valsez !*
*Mais cette valse que vous faites*
*C'est la dernière que vous dansez :*
*Demain valseront vos têtes !*

*Car, face à votre iniquité,*
*Le Peuple enfin s'est révolté,*
*Et fera cesser vos ripailles,*
*Canailles !* »

## CHANSON D'ACHILLE LE ROY

### *TERRE ET LIBERTÉ!*

« *Embastillés, Parias, Prolétaires,*
*Espérez tous à ce nouveau Signal :*
*Le Communisme, affrontant les Sicaires,*
*Doit les briser sous son char triomphal.* »

### *LA ROUGE.*

« *Carmagnole super-communiste et susuper-révolutionnaire, chantée avant, pendant et après l'avènement de la loi super-scélérate de* 1921.

« Poème et musique de Robert Guérard, édition de la Muse plébéienne, 1921.

« Lancée par l'Auteur à la fête du Parti communiste, organisée par l'*Humanité* et l'*Internationale* à la forêt de Garches, le 3 juillet 1921 ».

En voici le refrain :

*C'est la rouge rouge*
*Qui l'a dit et ce sera.*
*Que le peuple bouge*
*Hardi, ça ira.*

*Ça ira, ça ira, ça ira,*
*Le peuple règnera.*
*Ça ira, ça ira, ça ira,*
*Le peuple vous aura* ».

CHANSON DE ROBERT GUÉRARD.

*SAUVONS LA RUSSIE.*

*« Chant de solidarité fraternelle, vendu et chanté par l'Auteur avec le concours des pupilles communistes au profit des enfants russes.*

« Fête du parti communiste, à Garches, le 11 juin 1922.

*« Pour avoir tenté de sauver,*
*Dans un geste sublime,*
*Le vieux monde en train de sombrer*
*Dans la fange et le crime,*
*Le grand peuple russe est contraint,*
*Pour réaliser son grand rêve,*
*De combattre, en souffrant sans trêve,*
*Tous les fléaux du genre humain.*
*Pour la Russie, haut les cœurs et les âmes !*
*Elle se meurt, le vieux monde l'affame.*
*L'heure est suprême ; humains, sauvons la vie,*
*En nous sauvant, à la rouge Russie ».*

*Nos Chansons* est un recueil de poésies et de chansons « publié sous l'égide de La Muse Rouge ». J'en extrais ces quelques vers de *L'Insurgé*, paroles d'Eugène Pottier :

*« L'Insurgé ! son vrai nom, c'est l'Homme,*
*Qui n'est plus la bête de somme,*
*Qui n'obéit qu'à la raison*
*Et qui marche avec confiance,*
*Car le soleil de la Science*
*Se lève rouge à l'horizon.*

*REFRAIN*

*Devant toi, misère sauvage,*
*Devant toi, pesant esclavage,*
*L'insurgé*
*Se dresse, le fusil chargé ! »*

Ces pauvretés violentes faisaient fureur avant la guerre, mais aujourd'hui ne trouvent plus guère d'oreilles complaisantes chez les salariés. Si les graffitti peuvent nous renseigner sur l'état d'esprit populaire, rappelons-nous qu'avant la guerre les inscriptions anticléricales, révolutionnaires, ou ayant simplement un caractère politique, couvraient tous les murs, et constatons qu'elles sont aujourd'hui d'une extrême rareté. Je n'ai remarqué à Levallois qu'une seule de ces inscriptions, un « Poincaré l'assassin » qui a été énergiquement biffé. A Paris, elles sont tout à fait exceptionnelles : dans une station du Métropolitain, aux Buttes-Chaumont, un « Vive la Commune » a été complété par ces mots : «... libre de Montmartre ! » ; par contre, dans une autre station, près de l'Etoile, un « Vive la France » a été rayé et l'on a écrit, au-dessous : « Vive Lénine », et, un peu plus loin : « Vive Marty ».

Si l'idée révolutionnaire a cessé d'être la grande animatrice des consciences ouvrières, elle bénéficie cependant des derniers restes de son influence passée. Elue au moment de la pleine expansion des doctrines communistes, la municipalité de Levallois représente cette opinion extrême. Encore le fait s'explique-t-il par certaines causes locales que le directeur d'une importante usine m'expose ainsi : « La municipalité est communiste, le député est radical-socialiste. Cette différence vient de ce que les employés, boutiquiers et petits bourgeois qui habitent la commune votent aux élections législatives, mais se désintéressent des élections municipales au point que l'on y compte 50 %

d'abstentions. La municipalité communiste de Levallois ne répond pas à la composition réelle du corps électoral. Le Conseil municipal est affilié à la Troisième Internationale et ne délibère, même dans ses ses séances secrètes, qu'en présence du Délégué de la Troisième Internationale, qui le contrôle... »

Peut-être faut-il dire aussi que cette municipalité communiste ne répond plus aux sentiments actuels du corps électoral ouvrier. Toutefois, on se tromperait en croyant à autre chose qu'à un changement superficiel et sujet à de prompts revirements. « Mon personnel, me dit ce patron, est travailleur et tranquille. Cependant, lors de la récente grève de sympathie pour les grévistes du Havre, il a suffi de deux hommes, déclarant qu'il fallait cesser le travail, pour débaucher mes huit cents ouvriers !... » Ce fait montre péremptoirement la grande passivité de la masse des salariés, leur sens de la solidarité anti-patronale et aussi leur tendance profonde à obéir à l'impulsion révolutionnaire : une chiquenaude suffit à détruire un équilibre foncièrement instable.

Si elle n'est plus hostile à l'idée religieuse, la population ouvrière lui demeure indifférente. L'unique église de Levallois compte de douze à quinze cents places. Sept messes y sont célébrées le dimanche. Si l'église était comble chaque fois — ce qui n'est pas le cas (1) — elle n'aurait reçu qu'une dizaine de

(1) A la messe de sept heures, je compte environ 250 personnes. C'est à la messe de onze heures (messe des écoles, des hommes et des jeunes gens) que l'église regorge de monde ;

milliers d'assistants. En fait, elle n'en reçoit très probablement que la moitié. Et la population s'élève à près de 70.000 âmes. L'éloignement doit compter parmi les causes de non-assistance à l'office dominical. Cette grande ville de banlieue, qui comptait 2.000 habitants en 1852, vit son église de village reconstruite en 1882 alors que la population s'élevait à 26.000 âmes, et un peu agrandie vers 1900 pour les besoins de ses 60.000 habitants. L'unique paroisse reste manifestement insuffisante, même pour une population ravagée par toutes les influences contraires et pour le salut de laquelle l'Eglise ne dispose à peu près aucun moyen humain d'action.

Les préoccupations des travailleurs, à Levallois, sont partagées entre l'épargne et le plaisir. J'avais vu, à plusieurs reprises, au bureau de poste de Saint-Denis, des ouvriers et des ouvrières acheter ou renouveler des Bons de la Défense Nationale ; un soir, un homme, en tenue de travail, les mains et le visage encore sales de la tâche qu'il venait d'achever, avait acheté devant moi pour dix-sept cents francs de Bons de la Défense. Je suis témoin du même souci d'épargner chez les salariés presque chaque fois que j'ai affaire au bureau de poste de Levallois. Un vendredi soir, dans l'espace de quelques minutes, je vois se succéder au guichet des Bons, une vieille femme, en cheveux et fort pauvrement vêtue, qui en achète pour sept cents francs, et un vieil ouvrier, aux vêtements minables, qui fait

on fait alors chanter des cantiques dépourvus de rapport avec la cérémonie.

renouveler trois Bons. Le lendemain, c'est une femme d'ouvrier qui en achète. Un lundi, un travailleur aux mains noires, vient en demander ; et, à sa suite, un jeune homme, puis, un autre ouvrier. Les Bons vendus à guichet ouvert dans les bureaux de poste, c'est la tirelire du pauvre. A la date du premier octobre 1922, les émissions avaient atteint le chiffre de soixante milliards ! Qu'arriverait-il si l'Etat ne pouvait faire honneur à ses engagements ? Que deviendraient ces modestes et laborieux épargnants, si la mauvaise gestion de l'Etat, due à une mauvaise politique, amenait une catastrophe financière où seraient englouties les petites économies qui représentent de si dures privations et dont ces pauvres honnêtes gens attendent un peu de sécurité pour le lendemain ?

Les établissements de plaisir sont infiniment plus fréquentés que les guichets d'épargne. Ce qui imprime un cachet très parisien à la ville ouvrière de Levallois, c'est la fièvre de distractions qu'y jettent les théâtres, concerts, bals et cinématographes. Le samedi soir et chaque dimanche, des bals se tiennent dans l'arrière-salle de plusieurs marchands de vin. Les vendredi, samedi et dimanche, les cinés font bonne recette. Le lundi soir, dans l'un de ces établissements, situé au cœur du quartier populeux et pauvre de la porte d'Asnières, la vaste salle est aux quatre cinquièmes vide : dans ce quartier du labeur, on ne fête pas le lundi. Un dimanche, en matinée, au centre de la ville, des films variés, attrayants, attachants même et d'une convenance parfaite pour tous, se déroulent devant un grand nombre de familles d'ouvriers, petits employés et petits commerçants, vêtus avec simplicité, mais avec goût, et d'une correction de tenue parfaite.

Plusieurs spectacles visent à ressusciter les pires tendances démoralisatrices d'avant-guerre. De nombreuses affiches convient les passants à l'un des cinés de la ville, qui donne en film un grand drame où les souteneurs et les apaches jouent le rôle principal ; d'autres les invitent à se rendre dans le quartier tout proche de Paris, au Théâtre des Ternes, pour y voir jouer *La môme*, pièce dont les principaux protagonistes sont un souteneur et sa « marmite ». Mais surtout d'amples placards, apposés à profusion, annoncent la représentation, à Levallois, trois jours durant, de *Chair ardente*, dont ils étalent, en gros caractères, cet excitant commentaire :

« *Chair ardente* est la pièce d'amour la plus osée et la plus audacieuse. C'est une œuvre remarquable, une « Etude de mœurs », empreinte d'une saisissante et dramatique réalité.

« C'est la vie, la vie brutale avec ses peines et ses joies...

« Toutes et tous ont été, sont ou seront pris par cette force invincible qu'est « l'Amour », et si on peut quelquefois raisonner un cœur, on peut difficilement dompter sa chair.

« Des malheureux en souffrent, d'autres en meurent, c'est

« *Chair ardente.* »

Le rédacteur de cette réclame énumère ensuite les

artistes, puis indique les trois actes de la pièce : « La maison de tolérance. — Le frisson de la chair. — L'amour qui tue. »

La première représentation a lieu un samedi soir. Les places les moins chères coûtent trois francs. La salle déborde d'un public populaire, image fidèle de Levallois : quelques commerçants et employés et, en grand nombre, des ouvriers seuls ou en famille, des adolescents ,des jeunes gens en casquette et sans faux-col, des jeunes ouvrières coquettement vêtues, seules ou en troupe, ou seulement accompagnées d'un ami, des femmes en cheveux, jeunes ou d'âge mur.

Près de moi, dans cette assistance mêlée, se trouvent un jeune couple avec un bébé de deux ans sur les bras du père qui en paraît vingt-cinq ; un homme de trente-cinq à quarante ans, avec sa femme et, sur son bras, une fillette de quatre à cinq ans ; devant moi, deux ouvriers et leurs femmes. L'une d'elles demande à son mari : « Qu'est-ce qu'on joue ce soir? » L'homme n'en sait rien. Ils sont venus là comme ils seraient allés ailleurs, pour passer la soirée. Leur voisin se tenant bien droit, coudes appuyés, sans dire mot, sa femme lui crie en riant : « T'as l'air d'un ancien curé !... »

Le spectacle commence par un lever de rideau : Tri-ki, le comique à la mode. Toutes ses saillies, ses mots, ses grimaces, ses fantaisies excitent l'hilarité de la salle qui s'en amuse prodigieusement. Ma voisine est secouée de rires formidables et elle s'exclame : « Ah ! quel as !... Ah ! c't'oiseau !... l'chameau !... Ah ! y m'fait trop rire ! y va m'donner l'mal de tête !... Ah ! j'fous le camp !... » La fumée des cigarettes flotte dans la salle, une salle vibrante de joie.

Puis, le rideau se lève sur *Chair ardente.* Les promesses de l'affiche sont tenues. C'est une ordure. Tous les spectateurs sont là, cous tendus, têtes en avant, yeux rivés sur ce déballage, ce cynique étalage de brutales débauches, éclatent de rire aux mots grossiers, aux plaisanteries équivoques, aux phrases à double sens, boivent du regard les attitudes osées et les gestes canailles, — tous, adolescents, jeunes filles et jeunes gens, jeunes femmes et vieux maris, avides de s'imprégner du spectacle et s'abandonnant à ces appels directs à la luxure.

## § 2. — Un atelier de carrosserie d'automobiles.

La pancarte « On embauche » est accrochée à la porte d'un des nombreux ateliers de carrosserie d'automobiles de Levallois. Sans doute s'agit-il de faire face à des commandes pressées. Je me présente. Le contre-maître me prend comme « manœuvre spécialisé ». En raison de l'urgence, la journée de travail est portée à neuf heures et la semaine anglaise n'est pas pratiquée. Le travail commence à sept heures trente et finit à onze heures trente pour reprendre à une heure et cesser à six heures. Il est préférable que la longue séance de cinq heures ait lieu, comme à Saint-Denis, le matin ; mais la direction a voulu tenir compte de la longueur du trajet que doivent faire ceux de ses ouvriers qui habitent au loin, à Paris ou dans la banlieue, et leur éviter un lever trop matinal. Plus favorisé, je demeure à dix minutes de l'atelier.

Vers sept heures, le matin, toutes les rues déversent vers les usines les ouvriers, par milliers ; les tramways arrivent de Paris bondés de travailleurs, assis, debout, entassés dans l'allée intérieure, sur les plateformes et sur les marchepieds. Dans les débits et les bars, des groupes prennent rapidement, debout devant le comptoir, un café nature, ou avec eau-de-vie, ou à la crème, parfois avec un croissant ou un petit pain. Dans la rue, les journaux se déploient. Ils s'offrent, sur mon passage, à la devanture d'une petite boutique, où leur pile de beaucoup la plus haute est formée par les journaux de sports ; puis, viennent celles du *Matin* et du *Petit Parisien* ; puis, *L'Œuvre* et *L'Humanité*.

L'atelier doit dater d'une vingtaine d'années : aussi l'installation des lavabos et des vestiaires est-elle très insuffisante et la place pour le travail trop mesurée ; les vitrages du toit ne versent pas assez de lumière.

Une fois inscrit au bureau, je reçois d'un contremaître la liste des outils qui me sont nécessaires — lime plate et demi-ronde, queue de rat, tournevis, marteau — que je vais chercher au magasin et dont je donne reçu. Il me faut aller ensuite au fond de l'atelier, à la forge, pour les emmancher moi-même. Le poste qui m'est assigné se trouve tout à côté de là : deux scies en va et vient, actionnées par les poulies qui mettent en mouvement plusieurs perceuses, servent à débiter en fragments de longueurs diverses des paquets d'une quinzaine de lames de fer ; sur ces fragments, je trace, avec un gabarit, trois orifices que la perçeuse y pratiquera et, avec le marteau et le pointeau, je les pointe. Le paquet de lames, serré par un fil de fer, doit être solidement fixé dans l'étau et ne pas le dépasser de beaucoup plus que la longueur exigée pour la coupe. La scie est alors mise en mouvement et appliquée, à la main, au point précis où elle doit trancher le métal. La violence brutale, aveugle, du levier qui l'actionne rend cette petite opération malaisée et même dangereuse pour les doigts de l'ouvrier inattentionné ou inexpérimenté : bondissante et capricieuse, la scie semble tenter de fuir la tâche raisonnée à laquelle l'homme veut la soumettre, comme un cheval rétif qui se dépense en efforts pour se soustraire aux brancards et au harnais dont la discipline va rendre utile toute sa vigueur. Mais il y suffit d'un peu de persévérance, de sang-froid et d'adresse ; et, domptée, sa première morsure faite, la scie devient prisonnière du sillon qu'elle creuse de ses petites dents aigües et fines et où elle poursuit avec une fureur de brute sa course aveugle. La discipline qu'elle subit rend bienfaisante sa force qui, livrée à elle-même, se dépensait sans but ou restait capable de causer les plus graves dégâts. En cinq minutes, lorsqu'elle est toute neuve, elle abat les quinze fragments de fer. Mais cette durée s'accroît à mesure que s'usent ses dents très menues. L'ouvrier doit veiller avec soin à la relever au moment où la dernière lame va se détacher, afin qu'elle ne tombe pas sur le rebord de l'établi où elle se briserait. Pendant qu'elle accomplit son travail, je dois, aussi vite qu'il m'est possible, ramasser les fragments tombés à terre, les tracer et les pointer. Puis, je les livre au perceur.

Je remplace un jeune ouvrier de seize à dix-sept ans qui est maintenant affecté à l'ajustage, à l'établi voisin. Albert, qui connaît à fond la conduite de la scie mécanique, me donne volontiers et spontanément un coup de main. Bien que payé aux pièces et, par suite, nécessairement ménager de son temps, il n'a pas hésité à refaire le goupillage de mon instrument qui, mal fixé par un écrou qui se desserrait sans cesse, subissait de fâcheuses oscillations latérales. « J'aime que le travail soit bien fait, dit Albert, et, quand ce que j'ai entrepris n'est pas à mon idée, je le recommence... » Albert est travailleur et actif, toujours de bonne humeur et plein d'entrain ; son regard est intelligent et franc ; mais, en ce lundi matin, la pâleur de son visage, d'ailleurs fréquente chez les adolescents de faubourg, est accentuée par des traits fatigués et creusés de lendemain de fête. « Toute la journée d'hier, déclare-t-il, je l'ai passée à jouer de l'accordéon au bal. » Plus tard, j'apprendrai de lui qu'il n'est pas un enfant du faubourg, mais que les hasards de la guerre l'ont transplanté de la campagne à la ville.

Mon autre voisin, Oscar, qui dirige la scie jumelle, est un homme d'une trentaine d'années dont l'aspect amaigri et las fait songer à quelque convalescent mal rétabli ; et, de fait, il sort de l'hôpital où il a passé six semaines — les villégiatures de l'ouvrier. « Ça n'est pas ça qui arrange les affaires », soupire-t-il mélancoliquement, en songeant à sa santé ébranlée, aux salaires perdus, peut-être aux dettes contractées.

A la sortie de l'atelier, j'offre l'apéritif à mes deux compagnons. Tous les débits du voisinage s'emplissent, pendant quelques instants, d'ouvriers qui, par petits groupes d'amis, prennent rapidement sur le comptoir une consommation. Oscar demeure à Belleville : il traverse à pied tout Levallois pour atteindre le métro et le voyage qu'il doit faire pour regagner son logis lui prend de trois quarts d'heure à une heure. Un de ses camarades de l'atelier, qui demeure dans le même quartier, fait le trajet à bicyclette en une demi-heure.

Nos consommations bues, Albert tient à nous offrir une tournée. « Ce sera pour un autre jour, lui dis-je. — Bah ! riposte-t-il, puisque c'est lundi ! » Sa commande faite et servie, il veut la régler, mais la bonne nous annonce que c'est « la tournée de la patronne ». En présence de cette gracieuseté, Oscar, qui ne veut pas être en reste de galanterie avec elle, déclare qu'il l'embrassera ! Albert remet en riant sa monnaie dans sa poche.

L'atelier donne l'impression d'un labeur assidu et actif : pas de conversations ; quelquefois de brefs colloques. Chacun, payé aux pièces, se donne tout entier à sa tâche sans perdre une minute. Le hall, bas et un peu sombre, retentit sans arrêt du tintamarre des coups de marteau. Ouvriers de tout âge, maniant lime, marteau et vilebrequin, menuisiers, mécaniciens ou forgerons, ils déploient tous, depuis le début jusqu'à la fin de la séance, une grande activité.

Albert me recommande d'avoir toujours grand soin de fermer au cadenas de sûreté mon tiroir à outils : « Il y en a qui sont si honnêtes... à leur façon !... » Serviable et déluré, il m'a découvert dans un vestiaire éloigné un placard libre. Les conversations y sont généralement dépourvues d'intérêt. Un lundi matin, les jeunes ouvriers s'entretiennent bruyamment des « mouquères » de la veille. Un autre jour, l'un d'eux dit à un autre : « Viens avec moi, ce soir. Il y a deux petites qui m'attendent... » Les propos tenus au vestiaire ont le plus souvent pour objet des gaillardises, formulées en termes très crus. Mais, un jour, l'arrestation de l'auteur présumé d'un assassinat y alimente toutes les conversations. Mêmes entretiens dans les restaurants. Ces faits divers intéressent les ouvriers beaucoup plus que la question d'Orient, et cet état d'esprit populaire, très profondément humain, est renforcé par les journaux qu'ils lisent le plus habituellement : *Le Petit Parisien* et *Le Journal*, qui flattent ces goûts inférieurs. Lorsqu'il est question du changement semestriel de l'heure officielle : « Ils vont encore changer l'heure ! s'exclame un mécontent. A quoi que ça rime ?... S'ils pouvaient, ils changeraient la marche du soleil !... » Plusieurs, en enfilant leur veste, s'entretiennent avec animantion « des *gones* (1) de la Guillotière », à Lyon, et des usines de Roanne, accusant ainsi leur origine provinciale. Un hôtel « auvergnat », un hôtel « breton », aperçus en traversant Levallois, d'autres encore sans doute, et ce bref frag-

(1) Expression du Lyonnais qui signifie « gosses » et « types ».

ment de conversation mettent en relief l'extrême diversité des origines provinciales parmi la population ouvrière de Paris et de sa banlieue, tous éléments variés qui, sous l'influence du milieu, se fondent et donnent le type dit parisien.

Albert est l'objet de ce travail de transformation qu'opère le milieu social. Il me dit, un jour, tout en maniant le marteau d'un bras vigoureux : « Il vaut mieux gagner trois cents francs à la campagne que huit cents à la ville. — Sûrement ! Mais alors pourquoi tant de gens quittent-ils la campagne pour venir travailler en ville ? — Mais, s'écrie-t-il, j'y étais, à la campagne ! — Pourquoi n'y êtes-vous pas resté ? Les cultivateurs se sont tous enrichis depuis les derniers temps de guerre. — Tous ? Nous autres, nous avons été ruinés. Nous habitions en pays envahi, dans la Marne. Les Boches nous ont tout volé ! tout ! nos bestiaux, nos meubles, notre linge ! Ils ont cassé et brûlé le lit de ma naissance ! » A ce souvenir, Albert, rouge de colère, frappe violemment du pied sur le sol. « Mais, demandè-je, vous avez droit à des indemnités ? — Oui. Mais, au début, nous avons demandé tout juste la valeur de ce que nous avions perdu ; depuis, le prix des choses a augmenté ; en outre, on ne nous verse nos indemnités que par fractions, annuellement ; tandis que ceux qui ont réclamé plus tard, on leur a tout donné, d'un seul coup, et on leur a payé tout l'argent qu'ils demandaient ! Dans ces conditions, nous ne pouvions pas nous réinstaller chez nous ; il nous a fallu venir travailler dans les usines... A côté de chez nous, à la campagne, dans un château, il y avait une bonne allemande : quelques jours avant la déclaration de guerre, elle est partie en nous disant qu'eux, ils mangeraient du pain, et nous, de la m... ! Ah ! ils savaient bien que la guerre éclaterait ! Et nous, personne ne voulait y croire !... Dire qu'il y a des gens, en ville, qui méprisent le paysan ! Ils ne savent pas ce que coûte de peine un grain de blé ! Ils ne savent même pas comment se fait le pain qu'ils mangent ! Sans la campagne, comment vivrait-on dans les villes ? Les villes peuvent disparaître, on peut se passer des usines, mais pas des champs ni de ceux qui les cultivent... » Et voici qu'aussitôt, dans les propos qui jaillissent spontanément de sa bouche, Albert trahit l'influence des grands centres ouvriers dont il respire l'atmosphère et de l'opinion qu'y crée et entretient la presse radicale et socialiste : « Si on s'était entendu avant la guerre avec les Allemands, on serait les maîtres du monde ! — Croyez-vous ? objectè-je. Est-il possible de s'entendre avec eux ? Et, sous couleur d'entente, ne chercheraient-ils pas ce qu'ils ont cherché par la guerre : nous asservir et nous absorber ? — Peut-être bien, fait-il déjà convaincu. Mais encore, pourquoi, à la fin de la guerre, nous avoir empêchés d'entrer en Allemagne ? On a signé l'armistice parce que les gros, les capitalistes ont leur fortune en Allemagne et qu'ils ont eu peur que nos soldats détruisent ce qu'ils y possédaient !... »

La vivacité des sentiments anti-allemands ne se constate pas que chez ce jeune homme dont la famille a été ruinée par de sauvages agresseurs, mais chez tous ceux qui sont amenés à parler de nos ennemis. Je n'ai jamais entendu désigner les Allemands que par le qualificatif méprisant de « Boches ». J'arrive, un matin, à mon poste, avant la mise en train des machines. Les perceurs qui travaillent près de moi sont déjà au poste ; ils parlent des « Boches » avec animation. « Oui, s'écrie, en proie à une vive indignation, un des perceurs, ce qu'ils ont fait est abominable ! Il faut les avoir vus en pays envahi !... rien qu'à Noyon !... Les orgies auxquelles ils se livraient devant les enfants !... Un soldat français n'aurait jamais fait ça !... Et après avoir volé aux habitants tout ce qu'ils possédaient, ils les forçaient à travailler aux champs sous la menace du fouet, comme des esclaves !... Et dire que, victorieux, nous sommes, après la paix, comme si nous avions été vaincus !... » Ce mécanicien est un Breton, de vingt-sept à vingt-huit ans, robuste, trapu, à la large face colorée, énergique, sévère ; il parle peu ; quand il parle, il parle haut et ferme ; il a de brusques accès de violence. C'est un ancien combattant, blessé et décoré. Il manifesta, un jour, une vive exaspération contre les soldats étrangers dont pas un, proclame-t-il, ne peut être comparé au soldat français, et contre la mauvaise politique financière du gouvernement, qu'ont entraînée le traité de paix et la façon de l'appliquer. « Je suis jeune et ignorant, conclut-il. Mais je saurais tout de même bien quoi leur dire, aux ministres ! et en plein Conseil, encore !... »

Combien les vrais sentiments des ouvriers correspondent peu à ceux que prêchent les journaux révolutionnaires ! Ces propos m'étaient tenus dans le même temps que *L'Humanité* publiait en tête de sa première page, un article infâme, sous ce titre : « Allemagne, Allemagne, notre sœur ! » (1). L'auteur, Louise Bodin, après avoir commencé par cette citation : « Allemagne, ô toi que j'aime, disait Henri Heine, quand je pense à toi, des larmes me viennent », continue plus loin par ce dithyrambe : « L'Allemagne, ce beau pays prospère, ordonné, actif, courageux, travailleur, ce pays aux qualités solides, à l'esprit de méthode, à l'âme émouvante élue pour la musique, est maintenant frappée du même malheur que l'Autriche, de par la volonté des seigneurs de guerre internationaux... » En vérité, les Allemands ont tant de qualités que c'est à avoir honte d'être Français ! Mais, poursuit *L'Humanité*, « le prolétariat français ira... jusqu'au prolétariat allemand, son frère, pour le regarder vivre — si on peut appeler cela vivre — et souffrir et mourir... Le prolétariat français ne se désaffectionnera pas de l'Allemagne... » Et l'article s'achève sur cette invocation pathétique : « Allemagne, Allemagne, notre sœur, comme nous en proie aux grands forbans du capitalisme... Allemagne, notre sœur accablée... quand je pense à toi, des larmes me viennent ! »

Lorsque, dans la rue, les ouvriers stationnent devant l'atelier, attendant quelques minutes que sonne l'heure de la rentrée, beaucoup lisent leur journal ; je n'ai jamais aperçu en mains plus de deux ou trois exemplaires de *L'Humanité*. Un après-midi, une liste de

(1) 9 octobre 1922.

souscriptions pour les grévistes du Havre circule, présentée par un camarade, et chacun s'y inscrit pour un franc. L'initiative de cette collecte doit être due aux communistes, mais la réponse favorable qui y est faite procède bien moins d'une conviction semblable que d'un mouvement instinctif de solidarité et de sympathie.

Merrheim, dans *L'Information sociale* (1), qualifie ainsi l'œuvre des agitateurs révolutionnaires : « La grande grève du textile du Nord, celle des métallurgistes de Lille, celle du Havre, ont prouvé et prouveront encore actuellement que la grève est pour le Parti communiste et ses agents « une exploitation politique de la classe ouvrière ». Il faut avoir le courage de le dire ; ce sont ses agents qui sont en partie responsables des cadavres du Havre et ils allèrent ensuite, avec la même inconscience cynique, implorer l'intervention du Ministre du Travail et du gouvernement. ». *L'Humanité* (2), citant ce passage, le commente en ces termes : « Qui a écrit cette ignominie ? C'est Merrheim, salisseur patenté de la Révolution russe. Il va jusqu'au bout de son vomissement. L'homme est jugé. Mais que dire d'une organisation ouvrière qui le conserve à sa tête ? N'aura-t-elle pas honte ? Et ne va-t-on pas enfin corriger le personnage ? »

Un matin, Oscar arrive à l'atelier avec une heure de retard. Il avait passé toute la nuit chez des voisins

(1) 5 octobre 1922.
(2) 6 octobre 1922.

à veiller un mort. C'est leur dernier reste de religion : la piété à l'égard des trépassés. Et ils se conforment à la coutume traditionnelle, ils accomplissent ce rite comme leurs pères remplissaient tous leurs devoirs religieux, avec un grand scrupule de conscience et un dévouement devant lequel se tait toute autre considération.

Un autre matin, Oscar ne rentre pas à l'atelier. Il n'a prévenu personne. Le chef d'équipe le croit parti. Mais, huit jours plus tard, il revient : mal guéri, il avait eu une rechute.

Pendant son absence, un jeune ajusteur, âgé de vingt ans, le remplace à la scie voisine de la mienne. Payé aux pièces, il gagnait à l'étau plus de quatre francs l'heure. Tout d'abord, il regrette d'avoir été enlevé de son établi : il craint de se faire de moins bonnes journées. Mais, dès le premier jour, il déploie un tel zèle qu'il dépasse ses anciennes moyennes : « Il faut que je ralentisse, car, si je continuais à produire autant que cela, on me paierait mes pièces moins cher. » Cette tendance des patrons est une cause, à la fois, de diminution de la production et d'hostilité des ouvriers à l'égard du travail aux pièces. La physionomie de Léonard respire l'intelligence. Il parle peu et s'exprime toujours avec une grande correction. Il est très poli et de bonnes manières. Il se plaint d'avoir été bousculé à plusieurs reprises par un ouvrier plus âgé qui lui apportait des pièces : « J'ai fini par l'envoyer promener et il ne m'embête plus maintenant. C'est triste à constater, mais, quand on est trop bon, tout le monde abuse de vous. » Il demeure dans la banlieue, au delà de Saint-Cloud : il lui faut perdre une heure, chaque matin, en chemin de fer et à pied, pour venir à l'atelier, et autant, le soir, pour rentrer chez lui. Au lieu de gagner des semaines de deux cent vingt francs à l'ajustage, il va en gagner deux cent quarante à la scie et au pointage. « Vous devez être content, lui dis-je, de vous faire d'aussi belles journées ? » Il esquisse une petite moue : « C'est que, aussi, je ne perds pas une minute ! — Sans doute. Mais vous êtes récompensé de votre peine et vous n'avez pas de charges de famille. — C'est vrai. Mais, dans dix mois, je partirai au service militaire. Il faut que je mette des sous de côté. — Rien ne vous oblige à dépenser toutes vos économies au régiment ! — Certes ! Mais il n'y a pas qu'au régiment qu'il me faut songer ! On ne sait ce qui peut nous arriver demain, un accident, une maladie... » Et le prévoyant et économe jeune homme reprend avec ardeur sa tâche, une minute interrompue.

Le danger que courent les jeunes gens à hauts salaires provient des sollicitations du plaisir. Tout les incite à la débauche : l'éducation laïque, les séductions de toutes sortes que leur offrent Paris et sa banlieue. Le problème moral se place au centre de tous les autres et l'équilibre social reste irréalisable tant que sa cause profonde, qui est morale et religieuse, demeure empêchée de produire tous ses effets. Le lundi matin, nul ne manque à l'atelier et tous se remettent à leur besogne avec le même entrain que les autres jours. Mais, chaque lundi matin, le jeune Albert est visiblement pâli et maigri, et il me dit encore : « J'ai été au bal toute la journée, hier ; j'ai pas raté une danse... Et j'ai tout de même trouvé le temps de me fabriquer ce marteau à l'atelier de mon père... » Un mercredi — jour de paye — il a gagné cent trente francs pour ses six journées de neuf heures. Il se montre satisfait pour l'instant, ayant l'espoir d'arriver vite à gagner de deux cent vingt à deux cents cinquante, c'est-à-dire environ quarante francs par jour, comme la plupart des ouvriers de l'atelier ; il y en a, me dit-il, qui se font des semaines de deux cent quatre-vingt et même de deux cent quatre-vingt-dix francs. Mais Albert gagne encore plus que moi qui suis payé, comme débutant, non aux pièces, mais à l'heure, deux francs quinze, soit dix-neuf francs trente-cinq par journée de neuf heures, cent seize francs dix par semaine. La neuvième heure est facultative ; à de rares exceptions près, tous les ouvriers acceptent de faire ce supplément ; ils s'en dispensent quand il leur plaît, c'est-à-dire accidentellement et pour des raisons particulières dont ils sont juges ; ils se retirent alors, comme je l'ai constaté, de leur propre mouvement, sans avoir à demander d'autorisation ; ce système, plus souple et tout à fait respectueux de leur liberté, offre, à ce titre, de très grands avantages. Il fonctionne d'autant mieux à l'atelier de carrosserie, que le chef d'atelier et ses employés de bureau, les contremaîtres et les chefs d'équipe, tout en remplissant leur fonction : donner des ordres et en surveiller l'exécution, traitent poliment leurs ouvriers, les commandent doucement et sagement, avec une parfaite correction. Par là, les relations entre chefs et subordonnés sont singulièrement facilitées.

Pendant toute une journée, je suis détaché à un établi pour fixer des pattes de fer sur des planches de carrosserie recouvertes d'une tôle légère. Il s'agit de placer, dans trois trous, une vis, une rondelle, un écrou, de serrer à fond et, avec une pince à couper, de trancher la portion de la vis qui dépasse l'écrou. Au même établi, à côté de moi, travaille un homme d'une quarantaine d'années ; en face de moi, un jeune apprenti de treize à quatorze ans et un vieil ouvrier à lunettes. Bon nombre des pattes de fer qui me sont livrées, n'ayant pas été percées exactement aux distances convenables, s'ajustent mal aux trous préparés dans la tôle et les planches : aussi faut-il les forcer à coups de marteau. Le vieux bonhomme, après m'avoir regardé à plusieurs reprises exécuter ce travail de rectification, finit par s'approcher de moi et, tout doucement, s'excusant de paraître me donner un conseil, il me dit qu'en procédant d'une autre manière, qu'il me montre, j'obtiendrais plus sûrement, plus vite et avec beaucoup moins de peine, le résultat cherché : « Je vous dis cela, fait-il... Mais vous en ferez ce que vous voudrez... Ce que j'en dis... Mais comme ça ne me regarde pas... » Je le remercie, tout au contraire, de m'avoir aidé. Ainsi mis à l'aise, il me donne encore, à une ou deux reprises, et discrètement, un petit coup de main. Sa vieille expérience lui conseille de n'intervenir qu'avec prudence et modération : les ouvriers se froissent souvent de recevoir des avis ; cela les humilie, blesse leur amour-propre exagéré et parfois ils répliquent par des mots trop vifs. Mon vieux voisin n'était intervenu qu'en y mettant des formes et beaucoup de délicatesse.

Me voilà de retour à ma scie mécanique. Le perceur breton est habituellement taciturne. Cependant, un matin : « Je viens, me dit-il, d'acheter un chandail de laine pour cet hiver : soixante francs ! Que c'est donc cher ! Tout l'argent que l'on gagne passe dans la nourriture, le vêtement et le loyer. Cela payé, il ne reste plus rien !... » Aussi, bien que dans toutes les rues et à presque tous les coins de rues, un bar sollicite les ouvriers qui passent, beaucoup ne se laissent point happer par la porte toujours ouverte ; les autres n'entrent que pour de brefs instants. Je n'ai jamais rencontré d'ivrognes à Levallois : « Quelquefois, je boirais bien volontiers un verre de vin de plus, me dit le perceur. Mais, au prix qu'il coûte, je m'abstiens. » Il est marié. Beaucoup de très jeunes ouvriers ou employés portent l'alliance au doigt. Ont-ils des enfants ? En désirent-ils ? D'après les bruits qui courent et me reviennent de divers côtés, il semble que ces unions soient trop souvent volontairement stériles.

... Pendant que je surveille ma machine et que je pointe, à coups de marteau, les lames de fer, les perceurs, devant moi, activent leur tâche. A ma droite, trois forges s'alignent. Les plus jeunes forgerons — trente ans — lancent les coups de marteau, du bras droit, à toute volée. Les plus âgés, de massifs gaillards ayant atteint la cinquantaine, manient des deux mains le marteau à long manche ; à grands coups, ils écrasent le fer rutilant dont le rouge vif passe au cramoisi, puis devient d'un brun rouge sombre. Entre deux opérations, ils se tiennent devant leurs fourneaux incandescents où s'épaississent parfois les lourdes volutes d'une fumée dense : le marteau sur l'épaule, éclairés par les reflets de la flamme violente, ils attendent. Et bientôt, le choc puissant de leurs lourdes massues se fait entendre par dessus le ronron des courroies des perceuses, le grincement des scies mécaniques et le tintamarre des marteaux légers que les carrossiers et les ajusteurs manient sans trêve devant leurs établis.

Tous ces sons innombrables se heurtent et se mêlent dans un fracas incessant qui tourne sous les vitres du hall, entre ses murs aveugles, et ne trouve aucune issue...

---

CHAPITRE III

# PUTEAUX

## § I. — Aspect de la ville et des environs. Logis, restaurants, divertissements.

Puteaux a beaucoup gardé de son caractère d'ancien village suburbain. Ni les rues ne sont larges, ni les maisons hautes. La petite ville offre l'aspect calme et recueilli d'un faubourg provincial. Mais elle s'allonge sur la rive gauche de la Seine, en l'un de ses méandres, non loin des côteaux boisés de Saint-Cloud, devant une longue île verdoyante et la masse des arbres du Bois de Boulogne, les villas et les parcs du coin le plus aristocratique de Neuilly. Au débouché de ces quartiers de haut luxe, de ces pelouses et ombrages où s'étale le spectacle de la vie heureuse, Puteaux, dominé sur la gauche par le Mont Valérien, vous salue de la fumée noire de vingt cheminées d'usines. C'est la sentinelle avancée de l'armée révolutionnaire, campée là, après Courbevoie et Levallois-Perret ; elle achève avec Boulogne l'encerclement des quartiers riches de Paris et de Neuilly, endormis dans la moëlleuse torpeur d'une vie très douce qui se croît sûre des lendemains.

Quelques garnis misérables, au voisinage immédiat de la pauvre église, dans le plus vieux quartier de Puteaux, abritent les musulmans algériens qui travaillent dans les usines. Celui où j'habite répond à l'aspect le plus ordinaire des logis ouvriers de la localité. Ce garni, dont l'entrée est distincte de celle du débit-restaurant, compte trois étages et une trentaine de petites chambres qui mesurent environ trois mètres sur deux mètres vingt ; les portes sont formées de planches tout unies, peintes de couleur marron ; le sol est partout carrelé. Les cabinets sont installés de la façon la plus rudimentaire, au premier étage, dans une construction accolée à la cage d'escalier. Les chambres qui donnent sur la rue ne manquent ni d'air, ni de lumière. Mon mobilier comprend une seule chaise dont le siège est formé d'une planche, un petit lit de fer, une petite table, une toilette et une glace, une commode dont les quatre tiroirs peuvent s'ouvrir au moyen d'un bout de ficelle. Les murs sont tendus de papier clair, rapiécé. Ni broc, ni seau : une seule serviette, un unique pot à eau, dont on peut renouveler le contenu au robinet placé dans l'escalier. Une des vitres de la fenêtre est brisée et un large fragment fait défaut : par ce trou et la porte mal close, la cage d'escalier et le vestibule toujours ouvert sur la rue, l'air, humide et froid en cette arrière saison, se renouvelle à l'excès. L'hiver, cette chambre où il est impossible de faire du feu, doit être glaciale. Dans mon lit, sous les minces couvertures, c'est tout juste si je me sens suffisamment protégé contre la vive fraîcheur des nuits d'automne. La tranquillité de cet hôtel garni est parfaite ; on n'y entend jamais le moindre bruit. Des ouvriers français, chinois, algériens, et quelques femmes l'habitent. Mais les rencontres de locataires sont si rares, leurs allées et venues si discrètes, que l'on pourrait se croire seul.

Un grand nombre de jeunes ouvriers, de dix-huit à vingt-cinq ans, vivent ainsi, moralement abandonnés, dans les garnis de la ville et prennent leurs repas dans les débits qui y sont annexés. J'entre au hasard dans l'un de ces restaurants, à l'heure du dîner des pensionnaires : un ouvrier, d'une vingtaine d'années, qu'une jeune fille maquillée accompagne, étale un magnifique chandail à ample col rabattu ; un nègre s'entretient avec eux très familièrement ; deux jeunes ouvriers de vingt ans à peine dînent à une table voisine. Un de ces derniers raconte qu'il vient de retenir une chambre du prix de quatre-vingt francs par mois : « C'est propre, au moins ! Et il y a le chauffage central ! » L'autre se récrie : « Oui, mais cet hôtel-là, c'est une caserne ! » Trois musulmans algériens entrent et prennent une consommation avec deux jeunes Français, des adolescents. La patronne circule d'une table à l'autre et sert les clients. Jeune et obèse, elle porte un corsage rose, fort sale et très décolleté ; ses bras sont nus ; son nez retroussé s'ouvre au vent ; les cheveux ramenés en grosses touffes sur les oreilles encadrent son large visage ; dans le chignon bas, elle a planté un long crayon au bois de couleur verte ; elle interpelle le nègre par son petit nom. Il est élégant, ce moricaud ; chapeau mou, gris clair, imperméable mastic, canne ; un gentleman congolais. L'un des jeunes ouvriers vient d'être embauché : « J'ai fait mon essai, ce matin, en entrant chez Mauvel. Je croyais qu'ils allaient me *bouler*. Mais le *contre-coup* m'a tout de même gardé. — Je n'en fais pas lourd, moi, répond son camarade, car je suis payé à l'heure et pas aux pièces... » Une fille entre : elle retire du casier des pensionnaires une lettre à son adresse, la lit et rit de plaisir. « C'est un mandat? » demande un des jeunes gens. « Non, répond-elle, mais on m'invite à la noce ». Ils continuent d'échanger quelques propos, en se tutoyant. Elle porte un chapeau de velours bleu, fort usé sur les bords, une jaquette longue, une robe étroite qui accuse ses formes massives, des bas et souliers blancs. Le visage est plein de fraîcheur ; mais, quand elle rit, elle découvre une bouche édentée. Il serait malaisé de déterminer exactement son âge. « Oh ! tu sais, s'écrie-t-elle, je finis ma semaine ici, et puis je m'en vais habiter Courbevoie... »

Assez triste est l'aspect de la petite ville : désertes pendant tout le jour, les rues ne s'emplissent qu'à l'heure de l'entrée ou de la sortie des ateliers, d'un flot pressé de travailleurs. Dans cette cité ouvrière, on ne trouve, en dehors des salariés, que des boutiquiers et des débitants. A part les nombreuses usines, quelques rares immeubles à six étages et quelques jardins, ce ne sont que maisons à un ou deux, parfois trois étages, vétustes, légèrement construites en moëllons couverts d'un crépissage. Les rues s'allongent, monotones, fastidieuses. Le Conseil municipal, partagé en deux fractions égales, communiste et radicale, a élu maire un communiste. Les rues de cette petite ville de 38.000 habitants ont dû subir les noms de Jean Jaurès et de Benoît Malon. Ce dernier fut un brave homme, d'ailleurs naïf et absurde ; ses compilations indigestes et impersonnelles rencontrèrent cependant, il y a vingt-cinq à trente ans, un certain succès. Il avait fondé à Puteaux, en 1866, une Coopérative « La Revendication », ainsi que le commémore l'enseigne de cet établissement qui végète et néanmoins résume, avec le « Restaurant Chez nous », tous les résultats de l'effort d'organisation des révolutionnaires de la localité...

C'est non loin de la Seine, au cœur de la ville, en face de « La Revendication » et au fond d'une cour, que s'ouvre la vaste salle du restaurant coopératif « Chez nous » des ouvriers révolutionnaires : trois cents consommateurs s'y entassent à l'heure du déjeûner. Le soir, la salle est aux trois quarts vide. La nourriture y est bonne, les aliments bien préparés, les portions plus fortes que dans les autres restaurants, et les repas y coûtent un peu moins cher. Par exemple :

| | |
|---|---|
| Demi-setier ........... | 0.45 |
| Pain ................. | 0.20 |
| Bifteck aux pommes .. | 1.60 |
| Purée de pois ......... | 0.60 |
| Petit Suisse ........... | 0.20 |
| Pourboire ............ | 0.20 |
| | 3.25 |

Le raisin est vendu dans la rue un franc la livre, prix intermédiaire entre ceux de Saint-Denis et de Levallois. Sur les murs, un « Avis » est affiché : « En raison de la disparition continuelle du linge, les clients habitués à l'établissement sont priés de faire l'échange à la caisse. — *Le Conseil.* » Décidément, ces révolutionnaires ne respectent rien, pas même la propriété commune !

Des ouvriers étrangers fréquentent le restaurant « Chez nous » ; j'y retrouve toujours trois ou quatre Chinois ; un jour, je remarque un mulâtre et deux Italiens ; un autre jour, deux Espagnols, deux nègres et une dizaine de Grecs. Quelques clients lisent leur journal en mangeant ; rarement l'*Humanité*, généralement *Le Journal* ou une feuille sportive ; le soir, *La Presse*, *L'Intransigeant* ; j'ai été le seul, avec un autre ouvrier, à y étaler l'*Internationale*. Un ouvrier d'une vingtaine d'années, rasé à l'américaine, habillé avec quelque recherche, s'assied pour le déjeûner, à l'une des rares places demeurées libres ; il tient entre ses gros doigts, encore noirs du travail de l'atelier, « *La Reine Emeraude, roman dramatique* » (0.60 cent.) ; à côté de son assiette, il a posé les deux volumes (0.20 cent. pièce), qu'un certain Lozeral écrivit sur « *Les Drames de la Bastille* ». Voilà ses sources intellectuelles. Une autre fois, je me trouve placé auprès de deux ouvriers, d'une trentaine d'années, qui s'entretiennent longuement de téléphonie sans fil et de longueurs d'onde. Un autre jour, mes deux voisins de table, semblant âgés, l'un, de vingt, et l'autre, de trente ans : « ... C'est », disait le premier avec un fort accent périgourdin, « une jeune fille de dix-neuf ans. Mais il lui faut le mariage. Ça n'est pas ça que je cherche... » Il a reçu une lettre d'un ami qui accomplit son service militaire au Maroc, « dans les haras ». Ce mot l'étonne : il ne sait ce qu'il signifie. L'autre lui explique que « les haras, c'est un endroit où il y a des chevaux, un endroit... qui... » Et il s'arrête sans pouvoir préciser davantage. Le jeune Méridional voudrait aller travailler au Maroc. Son camarade y songe également, mais il estime qu'il faut d'abord se renseigner sur les conditions du voyage et les ressources qu'offre le pays : « Tu comprends ! il est nécessaire que tu saches d'abord ce que tu veux et ce que tu peux faire, une fois rendu là-bas. C'est une question à étudier. Voyons : comment t'embarqueras-tu ? — Oh ! je me glisserai dans le bateau, je m'y cacherai : une fois en mer, ils seront bien obligés de me garder !— Tu crois cela ?... Quelle erreur !... Pour s'embarquer, puis pour débarquer, il faut avoir tous ses papiers en règle et être muni d'un certificat de vaccination... Et puis, à quoi travailleras-tu, là-bas ? Sais-tu que le climat du pays varie beaucoup suivant les régions, qu'il fait très chaud dans les plaines, très froid dans les montagnes ?... Moi aussi, je songe à m'y rendre, mais je commence par me renseigner peu à peu... »

Pour la plupart, les clients mangent aussi rapidement qu'ils peuvent, sans parler ni lire, pressés par l'heure. Le soir, quelquefois en semaine, mais surtout le dimanche, quelques jeunes ouvriers — trois ou quatre au plus — viennent « Chez nous », accompagnés d'une petite amie ou de filles.

L'après-dîner, à Puteaux, est morne : les rues sont désertes ; quelques petits groupes d'ouvriers se forment dans un petit nombre de cabarets ; les uns bavardent debout devant le comptoir ; d'autres jouent aux cartes, des jeunes gens au billard. Les lieux de plaisir sont très rares : un Casino et un Eden-Palace. Un dimanche soir, après dîner, je me rends au Casino. On y fait queue, il fait froid et les gens s'impatientent d'avoir à attendre l'ouverture des portes, au point que plusieurs finissent par se demander si le programme mérite vraiment d'être vu. Ils lisent sur l'affiche l'énumération des films : « *La Fille sauvage... La jolie Infirmière, comédie sentimentale...* » Mes voisins, sans pousser plus avant leur lecture, font la moue et se disent qu'ils feraient peut-être mieux de se rendre au Ciné de l'Eden. « Pfff ! fait l'un, méprisant, ça ne vaut pas le Châtelet. — Mais ça vaut sûrement l'Opéra, riposte l'autre. A l'Opéra, on n'y comprend rien : c'est que de la musique et du chant. Et puis, avec ça, ils parlent latin !... » Finalement, ils partent pour l'Eden. Bientôt, les portes s'ouvrent. A côté du guichet, une grande pancarte annonce le prix des places : deux francs, deux francs cinquante et deux francs soixante-quinze. Alors, plusieurs se récrient : « Mais, c'est cher ! » Je prends un billet de deux francs, et à peine ai-je gagné ma place que j'entends mon voisin, un gros homme placide accompagné de sa femme répéter : « C'est cher. Aux Batignolles, ça m'aurait coûté vingt-cinq ou trente sous, au plus ».

Le souci de l'économie et l'esprit de calcul suivent les habitants de Puteaux jusque dans leurs distractions dominicales. Au balcon, se prélassent de jeunes voyous, flanqués de leurs maîtresses. Partout ailleurs, des ménages, des familles, des adolescents. La salle n'est pas tout à fait pleine : il reste quelques places libres, très peu du reste. Le spectacle cinématographique est coupé par un intermède de monologues et de chansons sentimentales qui décrivent de faciles amours dont le caprice est ultérieurement stabilisé par le mariage, disent la joie d'avoir des enfants et prêchent de respecter les vieux parents, de les garder, même au prix de grands sacrifices, près de soi plutôt que de les exiler dans une maison de retraite ; et ces appels au mariage, à la paternité, à la piété filiale, remuant dans cette foule ses sentiments les plus profonds, les plus vivaces, les plus indestructibles, ceux que malgré tout elle vit et dont elle vit, mettent une expression de contentement, de joie, sur les visages et font jaillir des salves d'applaudissements. Ainsi, dès que les sollicitations corruptrices se taisent et que retentit la voix du devoir, tout ce peuple, qu'ont empoisonné quarante ans de prédications funestes, retourne à son idéal immortel. La fidélité qu'il lui témoigne avec cette spontanéité vibrante nous le montre prêt, en vérité, pour toutes les renaissances.

Le dimanche matin, le marché fourmille de monde, une animation constante règne dans les rues. L'après-midi, Puteaux est une ville désertée : une Société de bigophonistes, qui donne une aubade à l'entrée du Boulevard Central, ne réussit pas à réunir deux douzaines de curieux. Par ces beaux dimanches d'automne, toute la population se déverse dans l'île et vers le Bois. La foule traverse le pont qui enjambe la Seine aux eaux lourdes où l'épaisse bordure d'arbres met son image sombre. Dans l'île et sur les pelouses de Longchamps, les joueurs de tennis et de ballon, au milieu des promeneurs, animent la vaste étendue des prairies cernées par les masses de verdure dont les souples contours s'estompent de légères vapeurs gris perle. Le ciel, d'un bleu pâle, étale son transparent écran sur cet horizon de bois où quelques taches jaunes marquent le vieillissement des jours. Dans ce cadre harmonieux dont les nuances adoucies évoquent la proche venue des dépouillements hivernaux, les pavillons de Bagatelle, avec l'éclatante blancheur de leur robe de pierre, paraissent jouir de la même inaltérable jeunesse qu'au temps où, perdus au milieu des bois déserts, sur la rive solitaire du fleuve, ils semblaient, aux portes cependant de la capitale, la retraite inconnue, inaccessible même, de quelque Prince Charmant.

L'unique église paroissiale de Puteaux date de la fin du XV^e siècle, temps où la localité n'était qu'un infime village. Son grand et rapide développement a suivi 1870. Pendant les trente dernières années du Concordat, l'Etat, cependant tenu d'assurer, en vertu de ce traité, le service du culte, ne s'est jamais préoccupé, ni là, ni ailleurs, de satisfaire les besoins religieux d'une population démesurément accrue. L'édifice est très petit, sombre, délabré, au dedans et au dehors misérable. J'y compte moins de trois cents chaises et qui occupent toute la place disponible. En lui ajoutant le modeste secours de deux chapelles de religieuses, on peut évaluer à trois mille, moins du dixième de la population, le nombre des personnes auxquelles l'espace disponible permet d'assister aux différentes messes dominicales.

Autant que j'en puis juger, le patronage des jeunes gens, qui a le grand mérite d'aider à leur préservation morale, tente à peine de remédier à leur lamentable ignorance ; il ne vise pas assez à leur inspirer le goût de la lecture et de la réflexion, il me paraît beaucoup plus soucieux de développer en eux le seul entraînement aux exercices physiques. Ces fâcheuses méthodes ont eu trop souvent pour effet de stériliser des efforts inspirés cependant par la plus louable pensée. Seuls, un petit nombre de jeunes gens particulièrement bien doués ont réussi, en gardant les vérités dont ils avaient reçu le dépôt, à trouver dans les inspirations d'une énergie naturelle fécondée par la vie de l'âme, les raisons d'une action qui a produit les plus heureux résultats. Puteaux possède, en effet, une Société ouvrière catholique qui compte sept cents adhérents. C'est un groupement solide et actif, qui a pris le premier l'initiative de fonder une école professionnelle d'apprentis dont les cours publics et gratuits ont compté trois cents élèves en 1922. Les révolutionnaires, après avoir organisé le silence autour de leur existence et de leurs efforts, ont été amenés à lutter contre eux en ouvrant à leur tour des cours professionnels. Les ouvriers catholiques ayant fait afficher, cet automne, leur programme scolaire, les Rouges, la nuit suivante, l'ont recouvert par leurs propres affiches annonçant la réouverture et les cours de leur école d'apprentissage. Les catholiques collèrent de nouvelles affiches, qui, de nouveau, furent immédiatement recouvertes par celles de leurs ennemis.

En dépit de l'hostilité qu'elle leur manifeste, la municipalité communiste n'a pas osé refuser de louer aux ouvriers catholiques, pour la distribution des prix de leur école professionnelle de métallurgie, la belle et vaste salle des fêtes qui se dresse au centre de la ville. Dans ce monument de lignes sobres et bien proportionnées, où les vestibules, escaliers, couloirs de dégagement ont été aussi pratiquement compris que la salle et la scène de théâtre, élégamment et sobrement décorés, j'ai pu assister, un dimanche après-midi, à cette séance solennelle, agrémentée de musique, de monologues et de discours, et qui réunissait une foule d'au moins deux mille personnes. Toutes ces familles ouvrières, amies de l'école, habitent Puteaux. Hommes, femmes, enfants, sont vêtus modestement, mais avec soin et avec goût, et montrent l'aisance, la simplicité de manières de gens bien élevés. On dirait des petits bourgeois. Les élèves récompensés, jeunes gens de douze à dix-huit ans, que l'on voit défiler sur la scène pour recevoir le témoignage de leurs mérites, tous apprentis et fils d'ouvriers, semblent, par leur physionomie intelligente, leur mise soignée et parfois même élégante, la correction aisée de leurs manières, de grands élèves de nos Collèges ou de jeunes étudiants de nos Facultés. C'est l'élite laborieuse qui est réunie dans cette salle ; elle y crée une atmosphère de moralité et de savoir-vivre, d'harmonie et de bonne humeur, qui sont la marque d'une parfaite santé de l'esprit et du corps, la manifestation même de l'âme de notre race.

« Le but de notre enseignement, a déclaré le rapporteur, est de réhabiliter le travail manuel... Un bon ouvrier doit dominer son travail et non pas être dominé par lui, et il doit l'aimer... » Tout cet exposé est substantiel, bien composé, bien pensé et bien écrit.

Et Zirnheld, président général de 125.000 syndiqués chrétiens, s'est écrié, aux applaudissements de tous : « C'est l'intelligence que nous cherchons à développer, car elle est l'élément essentiel de la production, qui se retrouve, quoique à des degrés divers, aussi bien dans le travail du manœuvre que dans celui du mécanicien, aussi bien dans le travail de l'ouvrier mécanicien que dans celui de l'ingénieur et du chef. Cultiver et accroître votre intelligence, voilà le but de notre enseignement professionnel !... Vous aimez et vous comprenez votre métier, car vous ne pouvez pas ne pas en sentir la grandeur lorsque, de vos machines et de vos mains, sort l'objet qu'elles ont su tirer de la matière informe : alors, vous avez conscience d'être véritablement, dans cette œuvre en quelque manière créatrice, les collaborateurs du Tout Puissant ! »

Les ouvriers catholiques peuvent être fiers de leur courageuse tenacité : leurs efforts obscurs mais persévérants commencent à donner les résultats qui les autorisent à s'enfoncer dans l'avenir avec un zèle décuplé par la certitude du triomphe. La moisson va lever. Ils ont semé dans la douleur. « Maintenant », me dit un ouvrier métallurgiste et sa femme, qui demeurent à Paris, dans le quartier de Popincourt, jeune ménage intelligent, modeste, tout soulevé par l'amour de Dieu, « maintenant, nous pouvons affirmer notre foi, en plein atelier : on ne nous moleste plus. Mais, avant la guerre, il fallait se taire et, malgré cela, combien souffrir ! Ce n'était pas le martyre... et, tout de même... » Ils n'ont point souffert en vain : l'heure de la justice va sonner.

## § II. — Une usine de fabrication de moteurs.

Ce matin, nous sommes une demi-douzaine de nouveaux embauchés à attendre notre répartition dans les différents ateliers. Plusieurs de mes compagnons habitent Paris. Pendant que s'achèvent les dernières formalités d'inscription, ils parlent des diverses usines où ils ont passé, n'en disant ni bien ni mal. L'un d'eux raconte que, pour pouvoir travailler dans une certaine fabrique, il dut se laisser photographier ; son voisin, un jeune ouvrier, de figure fort intelligente, lui répond posément, mais fort nettement : « Moi, je n'admets l'exigence ni de la photographie ni des empreintes digitales ».

Je suis désigné, comme manœuvre spécialisé, pour l'atelier des perceurs. Je m'y rends aussitôt et, pendant que j'attends l'arrivée du contremaître, un des perceurs me dit : « On n'est pas malheureux, ici. Pourvu que le boulot dure ! C'est que, dans notre métier, il y a du chômage... » Un autre aussi : « On a de bons chefs, qui ne nous ennuient pas ». Et un troisième : « On n'est pas tarabusté ! On fait ce qu'on a à faire, sans ennuis ».

Les locaux sont anciens : ils datent d'un quart de siècle. Le plafond vitré est un peu bas, le sol encombré de machines trop rapprochées et l'on manque de place pour circuler. Il n'y a ni vestiaires, ni lavabos. Au lieu de machines actionnées par une distribution souterraine d'énergie électrique, c'est encore le vieux système des longues courroies tendues jusqu'aux poulies fixées près du plafond et d'où s'échappe, emplissant l'atelier, un ronronnement uniforme et très doux.

Nous ne faisons pas d'heures supplémentaires ; la journée de huit heures est observée, c'est-à-dire que la semaine compte quarante-huit heures de travail ; mais, en raison de la pratique de la semaine anglaise, les quarante-huit heures sont réparties de la façon suivante : quatre heures le samedi, huit le lundi, neuf les quatres autres jours, de sept heures à midi et de une heure trente à cinq heures trente.

Le contremaître survient et me charge de conduire une scie circulaire. Un ancien me montre à placer les pièces à couper, à mettre en mouvement et arrêter la machine. Tous les ouvriers avec lesquels je me trouve en contact me font un accueil cordial. Un des perceurs, en passant près de moi, me dit : « Allons ! vous êtes bien comme ça. C'est un poste tranquille ». Un autre : « Eh bien ! ça marche ? Vous êtes content ?... Allons, tant mieux ! » Un de mes voisins est dans la maison depuis dix-huit ans ; l'ajusteur qui a monté ma machine à scier y travaille depuis vingt ; il me donne cet avis : « Chaque fois que vous quitterez l'atelier, fermez bien à clef votre placard à outils, car ici on vole tout ».

A l'exception des manœuvres qui reçoivent quinze francs par jour, à raison de un franc cinquante l'heure, soit douze francs, plus trois francs d'indemnité de vie chère, tous les ouvriers sont payés aux pièces : les perceurs peuvent gagner environ trois francs par heure, soit vingt-quatre francs par jour, cent cinquante par semaine ; les fraiseurs, trois francs vingt ; les ajusteurs, trois francs cinquante ; les tourneurs, de trois francs cinquante à trois francs soixante-quinze ; les tôliers jusqu'à cinq francs cinquante et même six par heure, c'est-à-dire quarante-huit francs par jour. Les tôliers arrivent à maintenir ces prix exceptionnels parce qu'ils sont peu nombreux, tous syndiqués et que, faute d'école d'apprentissage et, par suite, d'apprentis, ils demeurent irremplaçables. Ces tarifs ne sont pas appliqués seulement dans l'usine où je travaille, mais, d'une façon générale, dans les usines de Puteaux.

Il convient de ne pas calculer d'après ces seuls salaires le gain réel de l'année, mais seulement le gain possible dans le cas hypothétique où les ouvriers trouveraient du travail douze mois durant. En fait, ils ne les touchent que dans les périodes d'activité industrielle, lorsque les commandes affluent. Mais les industries qui emploient les mécaniciens de tout ordre, et spécialement l'industrie automobile, subissent de nombreuses périodes de ralentissement dans la production et même de chômage. La population laborieuse de Puteaux souffre, de ce fait, de fréquents débauchages forcés, plus ou moins brefs ou prolongés. Conséquence : même avec ces hauts salaires, trop souvent et d'une façon très appréciable, le taux moyen du gain annuel est réduit chez les ouvriers métallurgistes.

Ainsi s'explique et se justifie une réflexion du perceur qui travaille à mes côtés. La cherté de la vie lui arrache des soupirs : « Avec nos salaires, on ne peut pas faire les *zigotos*... Ce sont les intermédiaires qui nous dévorent. — Pour nous soustraire à leurs exigences il faudrait fonder et développer les coopératives. — Sans doute. Mais leurs gérants les volent. — Choisissez-les mieux. Surveillez-les. Contrôlez leur gestion. — Les coopératives ne réussissent pas toujours. Ici, *La Prolétarienne* est en déconfiture... Pendant la guerre, continue-t-il, ce ne sont pas les ateliers qui ont payé les gros salaires, mais les petits *façonniers* : les ouvriers qu'ils employaient se faisaient jusqu'à huit francs l'heure et la plupart ont réalisé de belles économies. Leurs petits patrons, c'étaient des ouvriers qui avaient acheté quelques machines, des tours et des perceuses ; ils ont amassé des fortunes. Mais ça n'a pas duré : les uns étaient des bambocheurs ; les autres croyaient que cette période de bénéfices faciles durerait toujours ; beaucoup se sont ruinés, alors que leurs ouvriers ont gagné chez eux de quoi vivre dans une modeste aisance... »

Il importe de remarquer que les travailleurs à hauts

salaires comptent souvent parmi les plus fortes têtes et professent les opinions les plus révolutionnaires. Résoudre le problème de la paix sociale ne dépend donc pas uniquement du taux de la rétribution, mais aussi du degré de culture intellectuelle et de valeur morale, de la diffusion de la propriété, de l'organisation ouvrière et, plus généralement, professionnelle, enfin de la constitution politique qui joue, dans la nation, le rôle du système nerveux central dans le corps humain.

Dans tous les ateliers, il y a des « Rouges », des petits groupes de militants, mais aujourd'hui sans influence sur leurs camarades et qui, ayant vivement conscience de leur impuissance, demeurent repliés sur eux-mêmes, dans une attitude expectante. Ils se terrent et ne s'entretiennent plus qu'entre eux seuls de leurs espérances. Cette passivité est le fruit de l'atonie du « Parti », consécutive à sa régression, ses échecs, ses divisions, son désarroi. Mais tous ces foyers d'incendie peuvent se rallumer d'un moment à l'autre, pour peu que les circonstances s'y prêtent.

Par contre, les ouvriers anti-socialistes commencent à s'exprimer librement. En traversant la cour, j'entends un ouvrier qui, énumérant à un camarade, les diverses organisations ouvrières, s'écrie : « La *C.G.T.* de la rue Lafayette, c'est encore pire que l'autre ! »

Dans les cabinets de l'usine, les travailleurs se réunissent par groupes, à de certaines heures où ils se donnent rendez-vous : les Rouges, les sportifs, les joueurs. Beaucoup, à Puteaux (comme à Paris et dans le reste de la banlieue) jouent aux courses, et cette regrettable passion n'est pas sans causer parfois chez eux de graves désordres. Groupés sur le seuil des cabinets, ils fument une cigarette ou échangent quelques phrases : souvent, des propos de corps de garde, mais aussi des idées ou faits divers. Ainsi, je surviens au moment où un ouvrier, quittant un groupe, s'éloigne sur cette conclusion : «... Gautier lit *La Croix.* Moi, je trouve que ça n'est pas un journal bien composé ». Un de ceux qui restent s'adresse aux autres . « Il débine *La Croix.* Pourquoi ? Moi, je trouve que c'est un journal comme les autres, qui a son parti comme les autres... »

Le matin, à la porte de l'atelier, une marchande nous offre dans une corbeille les feuilles qui viennent de paraître. Elle choisit naturellement celles qu'elle écoule et elle s'en munit en proportion de la demande coutumière : son panier contient quatre exemplaires de l'*Echo de Paris*, quatre de l'*Œuvre*, quatre du *Matin*, neuf de *l'Humanité*, deux douzaines du *Journal*, autant du *Petit Parisien*, autant de journaux sportifs.

*L'Internationale* réclame, (1) comme *L'Humanité*, l'admission de la Russie soviétique aux Conférences, conventions et traités entre Occidentaux et Turcs. Ces feuilles consacrent à ce plaidoyer la majeure partie de leurs articles sur la question d'Orient. Elles donnent ainsi très nettement l'impression de n'être ni françaises, ni internationalistes, mais nationalistes russes de la Russie communiste. « ... La France, écrit

(1) 11 octobre 1922.

Edouard Dorville (1), qui fit sa Révolution, révolution toute bourgeoise, s'est trouvée, pendant tout le cours du prétendu *stupide* (XIXe siècle), ballottée entre les souvenirs et les regrets de l'ancien monde qu'elle avait détruit et les aspirations au nouveau qu'elle était incapable de fonder... Il était réservé à l'Allemagne... où l'intuition métaphysique fut toujours très puissante, d'établir les forces nouvelles qui devaient régénérer l'Europe et le monde. Le prolétariat allemand... est l'héritier de la philosophie classique allemande ; et c'est un Russe..., disciple de Marx, qui devait donner le branle à la Révolution européenne ». Décidément, *L'Humanité* n'est pas un journal français, mais allemand et russe ; disons plus exactement, juif.

Dans un grand article (2) intitulé : « L'Avenir aux Soviets ! M. Herriot, de retour en Russie, constate la puissance et le relèvement de la Russie communiste », on lit : « M. Herriot est enthousiaste de l'accueil qu'il a reçu, presqu'aussi enthousiaste de ce qu'il a vu et entendu. Les Commissaires du peuple... lui sont apparus comme des hommes fort traitables... Quant aux bourreaux de la Tchéka, à ses horrifiants supplices, aux massacres, aux pillages, M. Herriot ne s'en est pas aperçu... La République des soviets est solidement installée : un prolétariat en armes, bien vêtu, bien nourri et remarquablement discipliné, apprend à défendre, le cas échéant, ses immenses frontières. Une génération sort de ses admirables écoles militaires,

(1) *L'Humanité*, 16 octobre 1922.
(2) *L'Humanité*, 16 octobre 1922.

pétrie d'enseignement marxiste... » Ce tableau pacifiste brossé, *L'Humanité* cite ce passage du récit emprunté au *Journal* : « ... Voici que le soleil de Brumaire se lève sur la Révolution apaisée. Il y a bien quelques taches encore à ce soleil un peu rouge, mais elles sont de médiocre importance et vont chaque jour s'effaçant au souffle du renouveau. Certes, la misère, la paresse et l'indiscipline sévissent encore dans la classe ouvrière et, le textile mis à part, l'industrie russe est morte... Mais ce sont là les conséquences ordinaires des grandes convulsions sociales et tout fait prévoir que les choses rentreront peu à peu dans la norme et l'équilibre ». Alors il eût mieux valu n'en pas sortir ! Les massacres, le typhus, le choléra, le froid et la famine n'eussent pas fait disparaître plus de vingt millions d'habitants, sans compter ceux que, d'ici le retour de l'équilibre, guettent les mêmes fléaux. Si ce tableau idyllique ne séduit pas les lecteurs de *l'Humanité*, c'est qu'ils ont les yeux couverts d'écailles et le cœur endurci. Mais, s'il les séduit, c'est qu'ils sont tout à fait bêtes.

Comme l'anticléricalisme ne trouve plus la faveur du public, le périodique communiste ne s'y livre que de loin en loin, par accès. On lit alors un entrefilet comme celui qu'elle publie un dimanche (1) sur « *L'offensive noire* », à propos de quelques Congrégations réinstallées en France. Mais ses efforts pour galvaniser le vieil esprit anticlérical, devenu inerte, restent vains. On remarquera la formule guerrière : « l'offensive ».

(1) 16 octobre 1922.

*L'Humanité* est coutumière de ce langage : à propos des mouvements ouvriers, en tous pays, elle ne parle jamais que de « l'unité de front des travailleurs ». Ces mots belliqueux sont prodigieusement ridicules. Leur fracas ne parvient pas à donner le change sur l'impuissance réelle des prédicants qui remuent cette vieille ferraille littéraire. Rien ne dissimule plus le vide insondable des journaux révolutionnaires et l'ennui qu'ils dégagent. On reste confondu devant leur néant de faits et d'idées comme devant la pieuse hébétude des derniers lecteurs qui leur sont restés tenacement fidèles.

Voici comment, en matière d'impôts, *l'Humanité* (1) exploite leur naïveté et leur ignorance. D'après le projet de loi Lasteyrie, les salaires seraient exonérés de l'impôt sur le revenu jusqu'à huit mille francs, mais le prix du tabac serait, en revanche, augmenté. Alors, s'écrie la feuille communiste, « ce que le travailleur ne portera pas au percepteur, il le portera au marchand de tabac ! » Sans doute : à moins que le journal de Cachin ne trouve le moyen d'enrichir un Etat qui ne percevra plus d'impôts, ou qu'à l'exemple de la Russie on ne détruise la richesse pour enrichir l'Etat. Le résultat, nous l'avons sous nos yeux : un riche et puissant Empire de cent soixante-dix millions d'âmes est démembré, dépeuplé et tombé au niveau d'une société de primates.

Dans un grand article sur « Le bilan du bloc national », Georges Lévy se plaint que la politique de ce

(1) 21 octobre 1922.

Bloc se soit inspirée de la « haine contre la Russie » et de la « haine contre l'Allemagne », et il déclare que le « nationalisme français » est « le plus stupide qu'il y ait au monde ».

Faisons plutôt le bilan du Parti Communiste.

*Le Journal* (1) signale la diminution sensible du nombre des adhérents au parti. Au congrès de la section française de l'Internationale communiste, ouvert le 15 octobre, « M. Frossard, secrétaire général, a fait adopter le rapport moral qui ne dissimule pas que le parti traverse une « crise grave ». Le rapporteur signale notamment que le recrutement des membres nouveaux fléchit, tandis que les démissions des membres anciens affluent. Ainsi, la Fédération de la Seine continue d'être la première fédération du parti, mais elle n'a plus que 10.000 cartes, au lieu de 15.167, en 1921, et de 21.200, en 1920. La Fédération du Nord tombe de 11.000 à 8.000. Enfin, l'ensemble des fédérations accuse une perte de 30.000 adhérents ».

Marcel Cachin, dans un article sur le « Congrès du Parti » (2) avoue l'exactitude de ces informations : « Il est vrai que le Parti communiste français compte seulement quatre-vingt mille adhérents au dernier recensement. Mais nous le demandons : quel est le parti politique de notre pays qui pourrait se flatter de posséder une organisation qui atteigne, de loin, des chiffres aussi élevés ? » La Confédération générale des travailleurs chrétiens compte 125.000 adhérents. Il est vrai que ce n'est pas un parti politique. Mais nous

(1) 16 octobre 1922.
(2) *L'Humanité*, 17 octobre 1922.

notons que, de l'aveu de Cachin, le parti communiste est un « parti politique » et non une organisation sociale ouvrière. Cachin avoue encore : « Sans doute aussi *l'Humanité* a-t-elle perdu une certaine quantité de lecteurs. Nous ne le dissimulons nullement... Combien y a-t-il de journaux en France qui renseignent leurs lecteurs avec cette honnêteté et cette franchise absolue ?... » Ainsi se console Cachin ; mais sa franchise ne lui recrute point d'adhérents. Et, bien que d'une confiance sans bornes en l'avenir, il ne veut pas « dissimuler les graves difficultés du présent. Il nous faut liquider nos divergences intérieures qui irritent les travailleurs et nous détournent de la propagande près des masses et de la préparation des esprits et des volontés... » Evidemment ! Décomposition intérieure, affaiblissement extérieur, tout cela va de pair.

Les idées de *l'Humanité* n'ont pas cours dans l'atelier. Plusieurs camarades sont enrôlés dans le Parti : loin de faire de la propagande, ils se tiennent coi. Perceurs et ajusteurs auprès de qui je travaille lisent *Le Journal, Le Petit Parisien, L'Echo de Paris* et ne parlent jamais de questions politiques. Tous, courbés sur leur tâche, ne semblent avoir d'autre souci que de bien gagner leur existence. Un matin, la perceuse voisine fonctionne mal ; Dubois, qui la conduit, l'examine avec soin, puis : « Ça n'est pas dans la machine que ça ne va pas, me dit-il, c'est dans le métal. Il n'a pas été assez cuit. La cémentation ayant été mal faite, le métal est trop dur ».

Le samedi matin, la perspective de la liberté de l'après-midi fait courir un frémissement de joie dans tout l'atelier. Même les vieux manifestent un contentement d'écoliers aux approches de ce demi-congé hebdomadaire que suivra le repos du dimanche. Malheureusement, le lundi, près du quart des ouvriers manquent à l'atelier ; un vieux perceur m'assure qu'il n'a guère de goût à travailler ce matin-là ; il reste cependant jusqu'à midi, mais, le soir, il ne revient pas. La plupart cependant montrent une grande sobriété. Deux d'entre eux refusent de prendre la moindre consommation, pas même un verre de vin ; souffrant habituellement de l'estomac, ils se soumettent sans murmure aux prescriptions du médecin. Un autre ne consent que par exception, dit-il, à venir avec moi prendre un verre, à la sortie, au débit voisin. Un jeune homme d'une vingtaine d'années m'assure qu'il ne boit ni ne fume.

Un ajusteur, Dorval, âgé de cinquante à cinquante-cinq ans, se plaint de ne pouvoir habiter Puteaux, où il n'arrive pas à découvrir un logement. Il est obligé de perdre une demi-heure chaque matin et autant chaque soir, en tramway. Le réfectoire installé dans l'usine lui rend les plus grands services ; il peut y faire réchauffer les aliments qu'il apporte quotidiennement et prendre son repas à l'abri ; il lui eut fallu dépenser davantage pour déjeûner au restaurant ; 20 % des ouvriers profitent de ce réfectoire. Dorval préférerait cependant manger chez lui. Il compte bien ne plus quitter l'usine. Comment donc se loger à Puteaux ? « Je finirai par acheter une petite maison à tempérament, en cinq ou dix ans. — Ce sont parfois des constructions de pacotille. — Bah ! pourvu qu'elle dure autant que moi ! — Mais vos enfants ? — Les enfants ? Il est rare qu'ils s'entendent ou qu'ils continuent ce que le père a commencé. Ils vendront... » Ce serait fort regrettable. La liberté de tester permettrait d'éviter ce grave inconvénient qui ruine les familles et les empêche de se perpétuer en se fixant.

A Puteaux comme dans les autres localités de la banlieue, je constate que beaucoup d'ouvriers fort jeunes portent une alliance au doigt. Des camarades d'atelier me disent que les mariages précoces ont été nombreux pendant la guerre et au lendemain de l'armistice. Beaucoup de ces jeunes se rasent barbe et moustache, à l'américaine, et la force de l'exemple est telle qu'elle agit même sur quelques musulmans algériens, rares d'ailleurs, qui, en dépit des habitudes de religion et de race, rasent leurs moustaches naissantes : c'est le cas de l'un d'eux qui travaille parmi nous à une machine à percer.

Tout le long du jour, je scie des bielles : le disque armé de fortes dents tourne avec une puissance à laquelle rien ne semble pouvoir résister. Dès que la bielle a été fortement prise dans le montage, le disque mord son écorce, puis laboure, d'un mouvement toujours égal, l'acier que, dans son glissement, le plateau de la machine pousse sous ses dents, par une progression silencieuse et à peine perceptible. Près du toit vitré, d'où descendent les courroies motrices de toutes les machines-outils, les poulies tournent éperdûment, dans un frémissement aérien, et tout le hall s'emplit d'un ronronnement continu.

Un jeune planton, de quatorze ans environ, circule

fréquemment à travers les ateliers pour porter des feuilles de service. Elève des cours du soir à l'Ecole catholique des apprentis métallurgistes, il manifeste un vif penchant pour son futur métier de mécanicien et témoigne d'un grand désir d'apprendre : il ne passe jamais au milieu de nous sans s'arrêter quelques instants pour examiner le fonctionnement d'une machine-outil ; il demande à l'un ou l'autre un menu renseignement et parfois se risque à donner un petit coup de main. Ainsi peu à peu amasse-t-il un capital d'expérience personnelle en s'imprégnant de tout ce qui pourra lui servir par la suite dans l'exercice de sa profession.

Mes bielles, une fois sciées, passent à Victor l'ajusteur, un jeune homme de vingt ans, fort musclé, le visage large, coloré et rasé à l'américaine. Tantôt je vais les lui porter et tantôt il vient les chercher. Il me dit qu'il ne tardera pas à partir au régiment, « dans les ateliers de l'aviation. — Vous avez de la chance de faire votre service militaire en exerçant votre métier. — Pour ça, oui !... Je ne gagne guère plus de trois francs à trois francs vingt l'heure, mais je fais des économies ; toutes les semaines, je mets cent-vingt francs de côté... J'avais songé à acheter un terrain dans la banlieue ; ma mère m'en a détourné et m'a fait acheter des actions de la Ville de Paris. — Obligations, rectifiè-je. — Oui, obligations... » Victor ignore la différence qu'il y a entre des actions et des obligations. Un employé de l'usine m'assure que l'ignorance, qu'elle qu'en soit la nature, est générale chez les ouvriers et que leur goût pour l'étude est si peu prononcé actuellement qu'il suffit d'annoncer l'ouverture d'un cercle d'études pour les faire fuir. Cependant, dans d'autres villes, les libraires constatent que les jeunes travailleurs leur achètent volontiers des manuels techniques, même chers, ou de luxueuses revues illustrées ; chez l'un d'eux, en un jour, douze numéros de l'*Illustration*, de Noël, à dix francs, leur ont été vendus. Il est très intéressant de noter, malgré leur caractère exceptionnel, ces manifestations de goût pour la science pratique du métier et pour les publications artistiques qui les initient à la beauté. « ... Oui, poursuit Victor, j'ai acheté des Obligations de la Ville de Paris, mais elles ont baissé : elles ne valent plus que quatre cents francs au lieu de cinq cents. — Dame ! vous courez les risques de tous les détenteurs de capitaux : vous êtes un capitaliste ! — Oh ! se récrie-t-il, capitaliste !... — Eh oui ! petit capitaliste assurément, mais capitaliste tout de même; et, toute proportion gardée, que vous ayiez mille francs ou cent mille francs de capital, le résultat est le même ; vous perdez vingt pour cent. — C'est juste... J'ai également acheté pour mille francs de marks à quatre centimes. — Oh ! alors, vous perdez là-dessus bien davantage. Et le mark tombera plus bas encore que son cours actuel, comme la couronne, comme le rouble, jusqu'au néant de toute valeur. — Celui qui m'avait conseillé cet achat en avait acheté pour dix mille francs à vingt centimes et il en a acheté à nouveau, en même temps que moi, à quatre centimes !... Mais je reviendrai à mon idée d'acquérir un terrain dans la banlieue... — Vous pourrez y faire construire votre maison... — Oui. Le papier, c'est du papier. Mais la terre, elle, ne s'envolera pas. — C'est plus prudent, en effet, par le temps qui court : spéculations, événements politiques, bouleversements économiques, industrie, entreprises, change, valeurs, tout se modifie du jour au lendemain sans que nous autres, nous y puissions rien, et tel s'endort riche qui se réveille dans le dénûment. Et si la guerre éclatait à nouveau !... — Oh ! la guerre !... proteste-t-il en hochant la tête avec incrédulité. — Quoi ? Vous ne croyez pas qu'elle reste possible ? Vous ne la redoutez pas dans l'avenir, lointain ou proche ? Vous ne voyez pas que l'Allemagne arme en secret, que la Russie intrigue et guette, que les petits Etats de l'Europe centrale et orientale se surveillent et se menacent ? Vous n'avez pas compris le danger que la déroute des Grecs et le problème de Constantinople nous ont fait courir et nous font courir encore ?... — Oui, l'Angleterre avec ses capitalistes et ses mercantis... — L'Angleterre a quinze cent mille ouvriers qui chôment, parce que son industrie manque de commandes. Si l'Angleterre était maîtresse de l'Orient, elle lui vendrait tous les objets manufacturés dont il aurait besoin, elle créerait des ports, construirait des chemins de fer, exploiterait des mines, multiplierait les entreprises industrielles et commerciales : alors, elle pourrait nourrir tous ses ouvriers et enrichir toute sa population. Comprenez donc que, lorsqu'une grande nation cherche à régner sur d'autres pays, pauvres parce que leurs richesses naturelles ne sont pas mises en valeur, c'est pour obéir à une nécessité : faire vivre la multitude de ses propres travailleurs. Voilà pourquoi, par exemple, nous sommes au Maroc, si riche en terres excellentes, mais incultes, et en minerais inexploités : maîtres au Maroc, nous mettrons en valeur tous les trésors qu'il recèle et c'est nous tous, en France, comme d'ailleurs les Marocains eux-mêmes chez eux, qui en bénéficierons. Si, aujourd'hui, la Russie se jetait sur nous, ce serait pour manger notre blé puisqu'elle n'en produit plus et qu'elle meurt de faim... » D'un ton triste et bas, Victor murmure : « Pour vivre, il faut donc tuer... » Non. Il suffit de travailler, mais dans une société bien organisée, douée d'un gouvernement prévoyant et fort. Victor poursuit : « ... Du moins, si une guerre éclatait, je serais, grâce à mon métier, à l'abri... A moins que les gaz... Tous les civils en seront menacés... — On doit le craindre. Les Boches n'épargneront personne. Si on ne les empêche pas de recommencer, ils nous feront une guerre d'extermination ». Après quelques secondes de silence, Victor interroge : « Quels journaux lisez-vous donc ? — Oh ! j'en lis plusieurs. — Moi, fait-il, je lis *Le Matin*. Je le trouve bien documenté... » Pas en idées, bien sûr : Victor passe à travers les événements sans les comprendre et l'histoire se fait sous ses yeux sans qu'il en démêle les raisons. Intelligent, sérieux, attentif, appliqué, il manque du guide indispensable. Il reprend : « J'ai un oncle qui a gagné quatre millions. Il a monté un atelier pendant la guerre. Il avait un compte en dollars. C'est un nouveau riche... Il est vrai que, depuis, il a perdu de l'argent dans une grande usine de la banlieue qu'il a achetée trop cher et qui marche mal. Mais il lui en reste gros... Depuis qu'il est riche », poursuit le jeune homme, d'un ton un peu plus bas, « il ne nous connaît plus... — Ah ! — Oui. L'autre jour, je l'ai rencontré. J'ai voulu lui dire bonjour. Il a tourné la tête... — Vous ne seriez pas comme cela, vous, si vous gagniez une fortune... » Victor baisse la tête : il interroge humblement sa conscience et, doutant de lui-même, il répond avec modestie, presque avec crainte, dans un souffle : « Il paraît que la richesse change les cœurs... — Les mauvais cœurs. Mais vous ne seriez pas de ceux-là ». Victor se tait : il a peur de lui-même.

Victor me parle aussi du contremaître pour en faire un bref éloge : « Ah ! c'est un bon gas ! Je n'en ai pas vu beaucoup comme lui !... »

Mais voici que, bientôt, Victor ne veut plus limer les bielles que j'ai sciées. « Ça n'est pas assez payé, me déclare-t-il. Je n'en faisais pas quarante par jour. Le vieux, là-bas, dépasse ce nombre, mais il s'esquinte : ce n'est plus du travail, c'est de l'abrutissement. Je veux bien du travail, mais tout de même pas à ce degré là... J'ai discuté le prix des pièces avec le chef. Il tient bon. Alors, comme il ne cédait pas, j'ai accepté de faire des boîtes de différentiel, non aux pièces, mais à l'heure. Il ne me donnera que deux francs soixante-quatre de l'heure : c'est cinquante centimes de moins que ce que je gagnais avec d'autres pièces que les bielles... Enfin ! comme je pars bientôt pour le régiment... »

Le travail aux pièces est le plus équitable, mais à la condition de ne point provoquer des abus qui se sont trop souvent produits et ont soulevé contre ce système l'animosité des ouvriers : il est arrivé que, le travailleur ayant fourni le maximum de ses forces et de son activité pour accroître, avec son rendement, son bénéfice, le patron en a tiré cette conclusion que ce rendement maximum était le rendement normal et qu'il convenait dès lors de réduire le prix des pièces pour réduire le taux, jugé excessif, du gain quotidien. Même abus autrefois à l'occasion des heures supplémentaires. La combinaison de la journée normale et des heures supplémentaires libres est excellente pourvu que le patron n'abuse pas de la bonne volonté de son personnel en diminuant les prix ou en revenant indirectement, par un excès d'heures supplémentaires, à une journée d'une longueur abêtissante. Une des fonctions des groupements professionnels ouvriers consiste précisément à prévenir ou à réprimer de tels abus.

Un mardi après-midi, six perceurs restent devant leurs machines, bras croisés, faute de pièces à percer. « Et si nous ne sommes pas contents, dit l'un d'eux, il ne nous reste qu'à demander notre bon de sortie et à revenir demain matin voir s'il y a du travail ». Je m'informe : cet arrêt dans le débit des pièces à percer ne tient pas à un défaut d'organisation et de direction, mais à un manque de commandes, et ce fait, qui se produit brusquement, montre à quels chômages, petits ou grands, de quelques heures ou de plusieurs mois, sont soumis, à l'improviste, les meilleurs ouvriers. Le lendemain, la situation n'avait pas changé.

Et presque aussitôt, je suis moi-même atteint par le chômage forcé. Toute une série de bielles terminée, je commence à traiter une série différente. Mais l'acier, insuffisamment cuit, se montre d'une dureté trop grande et, à trois reprises, ma scie se bloque au point même de faire sauter, la dernière fois, la courroie de transmission. Toutes les pièces sont renvoyées à un autre atelier pour subir une nouvelle cuisson. Le contremaître n'a plus rien à me donner, et l'arrêt des commandes ne lui permet pas de me trouver pour le moment d'autre travail. Me voilà donc condamné à un chômage de durée indéterminable. Je saisis cette occasion pour donner congé. Le chef d'équipe se préoccupe de savoir si je n'ai pas quelque cause particulière de mécontentement : je lui assure qu'il n'en est rien. Il m'exprime ses regrets de ne pouvoir, pour l'instant, alimenter ma machine ni m'assigner une autre tâche. A son tour, le contremaître s'inquiète de savoir si je suis certain de pouvoir me faire embaucher dans une autre maison, et il me fait remarquer qu'à défaut de cette assurance je ferais mieux de rester à la disposition de l'usine qui pourrait, dans quelques jours sans doute, me fournir du travail à nouveau. Je le rassure sur les conséquences qu'aura pour moi mon départ. Il fait alors préparer ma feuille de sortie.

........ Ce jour qui commence est le jour du sans-travail. Je me suis levé comme de coutume. La brume emplit le ciel où passe le souffle aigre du vent du Nord ; c'est une journée du Paris d'hiver qui s'annonce en ce temps avant-coureur de la mauvaise saison. Tous ces derniers matins en présageaient la venue avec leur petit froid vif ou leur humidité pénétrante et glacée ; les chandails ont fait leur apparition sous les vestons, ou bien l'on a sorti les vieux et amples pardessus. Je revois en souvenir — car ces moments si proches ont culbuté dans le recul des choses à jamais finies — l'atelier, hier, où filtrait, par les vitres sales du toit et des fenêtres, une lumière cotonneuse à reflets blafards, puis jaunâtres, versant la tristesse dans le cœur. Tandis que je m'habille, au cours de la demi-heure précédant la rentrée des ateliers, j'entends le flot des travailleurs qui s'écoule dans les rues habituellement désertes et mornes de Puteaux : c'est un bruit sourd et continu de piétinements hâtifs, un murmure de pas qui berce le silence de ma chambre froide et nue : la foule des salariés se déverse sans arrêt...

# CONCLUSION

*Les constatations faites.* — Influence de la race, de la province, du milieu actuel, etc., sur la psychologie de l'ouvrier. — Cosmopolitisme de la population ouvrière. — Indifférentisme politique, social, moral et religieux. — Quelques bonnes tendances et divers goûts d'un ordre relevé. — La déroute révolutionnaire. — L'ouvrier électeur.

*Les désirs de l'ouvrier.* — Journée de huit heures : ne pas y toucher. — Forts salaires : ne pas les réduire.

*Les besoins de l'ouvrier.* — L'ouvrier est étranger à l'idéologie révolutionnaire ; ce qu'il veut, d'après un ouvrier catholique. — Remède au machinisme par le machinisme même. — La propriété de la maison ouvrière. — Dans quel sens orienter les ouvriers : coopératives, actionnariat, etc. — Nécessité de la formation et de la culture de l'ouvrier en matière économique et sociale, et non pas seulement technique. — Assurances sociales et corporations. — Confrérie et syndicat ; devoir social du clergé. — Il y a une physique sociale. — Responsabilité de la bourgeoisie : elle commence à prendre conscience de son devoir social ; une orientation nouvelle ; le Consortium du textile.

*Le remède.* — Corps professionnel et corporation. Systématisation des phénomènes économiques par l'organisation politique ; la réforme politique ; les Etats et les Etats-Généraux.

## Les constatations faites.

La population ouvrière de la banlieue est en grande partie récemment émigrée de nos diverses provinces : Lorraine et Flandre, Champagne et Normandie, Franche-Comté, Languedoc, Gascogne et Périgord, Plateau Central, vallée de la Loire ou Bretagne. Tous ces éléments ethniques jettent dans le grand creuset de Paris leurs psychologies particulières qui concourent à élaborer la psychologie parisienne, résultante originale du mélange de ces facteurs si variés avec les éléments autochtones ou immigrés depuis quelques générations. Les Bretons, originaires d'une province incapable de nourrir toute sa population à développement rapide, sont particulièrement nombreux, surtout à Saint-Denis ; soustrait aux fortes disciplines traditionnelles, leur caractère concentré, violent et brutal, idéaliste et indépendant, ne peut que réagir d'une façon très particulière dans le milieu parisien où la vie des foules est plus que partout ailleurs appelée à subir et exercer des pressions et des excitations dont la répercussion prend de suite une ampleur et une force considérables.

Le milieu préformé de la banlieue parisienne uniformise, en effet, dans une certaine mesure tous ces psychismes en présence, leur imprime un tour particulier, les entraîne dans un tourbillon défini d'émotions et d'idées, et peu à peu les transforme.

La longue durée de la guerre, les grandes commotions qu'elle a produites en Europe et qui se sont propagées dans les continents voisins, les déplacements de populations qui en ont été l'effet, ont ajouté à l'émigration des provinces celle de représentants nombreux de races voisines et de races lointaines : ce ne sont pas seulement des Belges, des Espagnols et des Italiens qui sont venus, comme par le passé, se mélanger dans les usines avec les ouvriers français, ni, comme dans les années qui ont précédé la guerre, des Polonais et des Grecs, mais aussi des Asiatiques et des Africains : Chinois, Juifs, nègres et musulmans d'Algérie. Le cosmopolitisme de la région parisienne s'est trouvé, de ce chef, considérablement accru, et, si ces étrangers vivent aux côtés des Français plutôt qu'ils ne se fondent avec eux, du moins constituent-ils socialement une cause possible de troubles et d'aggravation de troubles dans un Etat faible, au cas surtout où quelque secousse intérieure ou péril extérieur menacerait de dislocation notre pays et de ruine notre civilisation. Si des troubles éclataient, l'armée du désordre recruterait aussitôt les nombreux Algériens en qui couve la passion du pillage : lointains descendants des Numides, soit purs Kabyles dont le type est si voisin du nôtre et le teint parfois si clair que, seuls, leur langage et leurs fréquentations permettent de déterminer leur origine, soit métissés par tous les envahisseurs, Puniques et Vandales, Arabes et Turcs, fellahs d'Egypte et chrétiens des rives de la Méditerranée, et dont le type conserve, prédominantes, les caractéristiques sémites, mais tous façonnés et pétris par l'esprit de l'Islam, ils guettent, sous l'empire d'une invincible espérance, l'heure marquée par leur destin.

Nous ne sommes plus seulement pressés de toutes parts par les civilisations inférieures et les races ennemies : l'infiltration des Asiates et des Africains, leur invasion sourde et pacifique, qui évoquent le souvenir des derniers temps de l'Empire romain, doit faire craindre l'invasion violente des multitudes barbares si notre richesse est dilapidée, notre force diminuée, si, à des institutions politiques faibles, qui amènent nécessairement au pouvoir des hommes ignorants et inférieurs à leur tâche, ou coupables, ou bien intentionnés et capables, mais impuissants, ne sont pas substituées des institutions fortes, pouvant assurer la stabilité, inspirer la prévoyance, susciter les capacités, suppléer enfin aux défaillances toujours possibles des hommes.

Quels sont, à l'heure actuelle, les idées et les sentiments directeurs de la conscience ouvrière ? Les observations ont été prises dans trois importantes localités de la banlieue parisienne ; toutefois, leur signification déborde leurs frontières : Saint-Denis, Levallois et Puteaux ne sont pas des vases clos, mais les lieux de retentissement, dans la zone Nord-Ouest de la ceinture de Paris, des idées courantes, des sentiments prédominants, le lieu de passage des nappes de propagation des ondes psychologiques, morales et intellectuelles, politiques et sociales, dont la capitale constitue le centre d'émission. La note caractéristique que relève l'observateur est l'indifférentisme moral et religieux, politique et social : plus d'anticléricalisme et pas d'aspirations vers le surnaturel ; un certain scepticisme politique et l'abandon des utopies sociales ; simplement les préoccupations de la vie matérielle, au jour le jour, son labeur et ses distractions, ses peines et ses plaisirs ; beaucoup de mariages précoces, mais peu ou pas d'enfants, sous l'influence de la moralité ambiante et de la propagande malthusienne, auxquelles s'ajoutent la cherté de la vie, les difficultés de l'existence matérielle, les incertitudes de l'avenir et l'ignorance de la force et de la sécurité que l'individu, la famille et l'Etat, s'il se fait protecteur, tirent du grand nombre des enfants. Les journaux les plus communément lus, la plupart des films cinématographiques s'harmonisent avec cet état d'esprit neutre, qu'ils ont d'ailleurs contribué à créer. Tout cela marque bien l'indécision de la foule laborieuse, incertaine de ses voies, hésitante au seuil d'une période nouvelle, troublée et désorientée par toutes les perturbations qu'une guerre longue et sanglante, des révolutions et l'écroulement de puissants empires ont jetées dans son atmosphère morale, ses habitudes d'esprit, sa vie matérielle, ses perspectives d'avenir ; bref, la foule ouvrière vit un peu repliée sur elle-même, gardant l'expectative, réservée, mais se tenant aux écoutes, prête à se donner à la pensée vigoureuse qui l'éclairera sur sa destinée, à la main ferme qui lui en ouvrira les portes.

Quelques tendances se font jour dans les théâtres et casinos : celles du passé, corruptrices — revues et opérettes à Saint-Denis, « Chair ardente » à Levallois — et dont l'efficacité est certaine ; et les tendances nouvelles moralisatrices — romances du Casino de Puteaux — qui ont reçu un si chaleureux accueil d'un public ouvrier écœuré par le vice. Ainsi s'accuse, une fois de plus, l'extrême malléabilité du grand public, mais aussi — et ceci est nouveau — son désir du retour aux idées saines ; et de telles aspirations vers l'équilibre moral, jointes à la disparition des habitudes anticléricales, nous permettent de saluer avec joie l'entrée en lice des nouvelles forces religieuses et politiques qui apportent à la multitude des travailleurs la ferme espérance de sa prochaine rénovation dans une société chrétienne et française restaurée.

L'exercice de ces énergies bienfaisantes sera grandement facilité par l'orientation nouvelle des idées, des goûts et des habitudes chez les salariés. Le plaisir grossier du cabaret fait place à celui des sports dont l'influence morale n'est pas moins heureuse que l'influence physique. Un certain souci de toilette élégante et bourgeoise, qui n'existait pas autrefois au même degré, est fort louable : la similitude des costumes diminue les distances entre groupes sociaux, fait cesser les humiliations et taire l'envie ; de plus, bien vêtus, les ouvriers s'efforcent de se bien tenir ; la correction dans le vêtement appelle la correction dans les manières. Déjà, les métallurgistes avec lesquels j'ai travaillé — élite ouvrière — se font remarquer à l'atelier comme au cabaret et dans la rue par leurs façons aisées et la correction habituelle de leur langage. Leur incontestable supériorité à l'égard des travailleurs exerçant des métiers pénibles ou dépourvus d'initiation technique, comme à l'égard des simples manœuvres, les désigne pour entraîner ceux-ci dans la voie d'indispensables progrès. Certains de mes camarades économisent en vue de l'achat d'une motocyclette ou d'un side-car. Des jeunes acquièrent un appareil photographique et sont par là conduits à la recherche de distractions d'un ordre plus élevé que celles dont ils se contentaient autrefois. Depuis la guerre, les libraires vendent un nombre appréciable de manuels techniques à des ouvriers et apprentis qui ambitionnent de se constituer une petite bibliothèque de métier.

Enfin, j'ai constaté un grand souci d'économiser et de placer son argent : hommes et femmes, en tenue de travail, échangeant, aux guichets des bureaux de poste, leurs billets de banque contre les Bons de la Défense nationale ; compagnons d'atelier, jeunes ou d'âge mur, célibataires ou chefs de famille, préoccupés d'acquérir des valeurs mobilières et surtout leur petite maison avec un petit jardin.

La démonstration en est faite : les travailleurs possèdent de vastes réserves d'énergie, d'intelligence et de cœur, malheureusement laissées en jachère, ou gaspillées, ou perverties. Au cours de cette enquête, j'ai toujours travaillé aux côtés d'hommes ou de jeunes gens, dont les propos portaient la marque d'un sens droit, d'une pensée alerte, d'une conscience honnête. L'abandon où les ont laissés ceux qui pouvaient et devaient leur apporter l'aide de leur intelligence, de leur science et de leurs loisirs, voilà la cause lointaine, mais permanente, profonde, de leur captation par les rhéteurs, les roués, qui exploitent leur ignorance et leurs misères. Les ouvriers se libéreront eux-mêmes par leur propre effort, mais à la condition toutefois que l'élite sociale s'attache à les guider dans la voie du salut : salut matériel, rédemption spirituelle. Et déjà la convergence de tant d'efforts s'est épanouie dans la floraison du syndicalisme catholique. En 1922, la Confédération française des Travailleurs chrétiens comptait sept cent cinquante-trois groupements et cent vingt-cinq mille adhérents.

Le progrès des idées de construction se trouve singulièrement facilité par la décadence des idées de destruction. L'influence des partis révolutionnaires s'est effacée sous la pression des réalités : difficultés financières, périls extérieurs, leçons que comportent le bolchevisme russe et le fascisme italien, phénomènes du change, déchaînement de forces qui dépassent la volonté des hommes, satisfactions données aux ouvriers par l'élévation des salaires et la réduction de la journée de travail, satisfaction donnée à l'opinion par un gouvernement qui, épuré des principaux éléments de trahison, a tenté de montrer un peu de fermeté contre les conspirateurs communistes. De l'in différentisme qui caractérise, d'une façon générale, l'attitude ouvrière, se dégagent quelques tendances, timidement esquissées encore, mais assez clairement, toutefois, pour qu'elles frappent l'observateur.

Les conversations d'ateliers ne roulent plus sur l'exploitation patronale, sur les infâmes capitalistes et les sales bourgeois, sur la lutte contre le cléricalisme, mais elles ont trait aux spectacles et aux sports, aux placements d'argent, à l'achat d'une maison. Si, dans leurs propos, les travailleurs effleurent la politique, ils parlent surtout des affaires extérieures avec leur répercussion possible sur la vie nationale ; ils manifestent alors leur mépris et leur crainte des ennemis traditionnels de la France, leur impatience des maladresses et capitulations de son gouvernement, et un certain patriotisme qui procède à la fois d'un réveil du sens national et d'un réflexe de l'instinct de conservation. On sent qu'abandonnée à elle-même, cette opinion obscure subit un certain flottement entre les habitudes anciennes et les sollicitations émanant des spectacles nouveaux, qu'elle attend une direction claire et ferme pour s'y abandonner entièrement, avec toute sa force rajeunie. Les centres communistes sont désertés, leurs conférences publiques rares et données devant des banquettes vides. Les journaux du Parti sont très peu lus ; *L'Internationale*, faute de lecteurs, a dû cesser de paraître ; à la fin d'octobre 1922, le Congrès communiste a décidé d'en arrêter la publication. Le 17 décembre 1922, « le Syndicat unique du bâtiment, toutes sections comprises, a voté un ordre du jour repoussant l'adhésion des syndicats unitaires à l'Internationale rouge de Moscou, filiale de la Troisième Internationale communiste. Il a refusé également son approbation au rapport moral de l'Union des Syndicats unitaires de la Seine, qui s'était prononcé en faveur de cette adhésion à Moscou » (1). Les révolutionnaires ont officiellement avoué leur déroute ; le « Comité directeur » du « Parti communiste » a lancé un « Appel au Parti », où nous lisons : « Le Congrès de Paris n'a pas dénoué la crise redoutable que traverse le Parti. De multiples incidents ont troublé ses travaux. Des conflits inattendus ont surgi. Des désaccords imprévus se sont manifestés avec violence... Au lieu de l'apaisement escompté, un déchirement plus profond en résulte. A la place d'une unité renforcée, une unité ébranlée... » (2)

Dans tous les grands ateliers, le communisme possède des affiliés, mais condamnés au silence prudent et à l'attitude expectante. La déroute des révolutionnaires est évidente et, si le vieux levain demeure encore secrètement caché dans beaucoup de cœurs, si de vieilles sympathies continuent de dormir sous la poussière des déceptions, c'est parce que la bienfaisance des réformes sociales réelles n'a pas encore été substituée à la sottise malfaisante des promesses illusoires que la Révolution prodiguait. Aussi bien notre

(1) *Le Matin*, 18 décembre 1922. V. dans *La Production française*, 23 décembre 1922, l'article de Coquelle sur « Le bateau révolutionnaire en perdition » et, dans *L'Action française*, 2 janvier 1922, l'article de L. Daudet sur « L'effondrement du parti révolutionnaire ».

(2) *L'Humanité*, 21 octobre 1922.

société elle-même toute entière éprouve-t-elle le besoin d'une transformation et d'un rajeunissement, et, comme elle commence enfin à se rendre compte de l'urgente nécessité de cette crise salvatrice, c'est en toute matière — religieuse et morale, philosophique et scientifique, politique et économique — qu'elle prépare son renouvellement : les symptômes se multiplient de sa volonté de rejeter toutes les erreurs dont elle était menacée de mourir et nous, qui percevons ces promesses libératrices, nous nous sentons tressaillir d'une grande espérance.

Les élections successives du bolcheviste Marty, à Paris et dans différentes villes de province, ne contredisent pas les constatations que nous avons faites sur l'affaiblissement général, voire la disparition de la foi révolutionnaire. Ces scrutins prouvent seulement, et une fois de plus, que les élections ne correspondent pas toujours aux sentiments réels des électeurs. Ceux-ci savent rarement où on les mène et leur vote comporte fréquemment une signification différente de celle que nous sommes tentés de lui attribuer. Les succès de Marty comme les souscriptions pour les grévistes du Havre sont inspirés par le sentiment général de la solidarité ouvrière et le désir vague, mais profond, d'améliorations à la condition des travailleurs, sentiment et désir qui se trouvent reliés à des faits de ce genre par le simple concours des circonstances, l'interprétation qu'ils en reçoivent dans la trouble conscience populaire, l'habitude d'obéir en vertu de la vitesse acquise à d'anciens courants d'idées, la nécessité, dans un pays assoupli à la discipline de la lutte des classes, de voter contre ce qui représente, en bloc, la bourgeoisie, si l'on veut voter pour ce qui représente, en bloc, la masse ouvrière. C'est ainsi que le mot socialisme, ou communisme, ou Révolution, comporte un sens tout à fait différent pour les ouvriers et pour les théoriciens ou les politiciens : les ouvriers entendent par là tout effort en vue de l'amélioration de leur sort, et, en particulier, le moyen de leur assurer la large conquête de cette propriété individuelle, familiale et corporative que précisément et à l'encontre de leur rêve les doctrines socialistes se proposent de détruire. En réalité, le travailleur français, tout comme le paysan russe, comprend, par socialisme et autres synonymes, exactement le contraire de ce que ces mots signifient dans le langage de l'école et dans celui de la politique. Des camarades à qui j'expliquais que le socialisme aurait pour effet de les exclure à tout jamais de cette propriété dont ils poursuivent obstinément la conquête, en éprouvèrent une inexprimable stupéfaction. Les politiciens révolutionnaires, qui jouent de l'équivoque à laquelle, pour les ouvriers, prête ce mot, commettent à leur égard le plus criminel des abus de confiance.

### Les désirs de l'ouvrier.

L'ouvrier désire ardemment devenir propriétaire et il ne professe les doctrines révolutionnaires que parce qu'il en attend l'accession à cette propriété dont il est exclu. Loin d'être un ennemi des capitalistes et des bourgeois, l'ouvrier ne demande qu'à prendre place dans leurs rangs. Le socialisme n'est qu'une crise provoquée par l'instinct de la propriété individuelle, exaspéré parce que déçu. La diffusion de la propriété parmi la foule des salariés ne saurait être l'œuvre d'un jour. Mais deux autres de leurs souhaits peuvent continuer de recevoir satisfaction : le respect du principe de la journée de huit heures et le maintien de la proportion actuellement établie entre les salaires et le coût de la vie. Ne pas toucher à l'une, ne pas réduire l'autre, voilà deux garanties du maintien de la paix sociale.

On objecte à la journée de huit heures les besoins de la production. Si ces besoins sont tels qu'ils exigent un plus grand nombre d'heures de travail, rien de plus facile que de recourir à la double ou triple équipe, puisque les chômeurs ne manquent pas. Si ces besoins de l'industrie ne justifient pas le doublement ou le triplement du personnel, rien ne s'oppose au recours aux heures supplémentaires proposées au personnel existant et librement acceptées par lui. J'ai constaté, dans les ateliers où j'ai travaillé, que la presque totalité des ouvriers acceptaient de faire une heure supplémentaire ; lorsqu'ils avaient besoin, pour une raison quelconque dont ils restaient juges — fatigue physique, exigences familiales, démarches pour la sauvegarde de leurs intérêts, culture de leur jardin — de quitter plus rapidement l'atelier, ils pouvaient, d'eux-mêmes et sans aucune autorisation, s'abstenir de cette heure en surcroît. Ce système a l'avantage de présenter une grande souplesse et de se fonder sur la confiance que patrons et ouvriers s'accordent mutuellement. Le patron s'en remet à l'ouvrier du soin de faire acte de bonne volonté. L'ouvrier ne se sent plus traité comme un enfant que le pion tient sous sa férule. Un de mes camarades de travail, malgré son ferme attachement au principe des huit heures, acceptait de donner quelques heures supplémentaires simplement parce que le chef d'atelier l'en avait sollicité à deux reprises.

La journée de huit heures n'est pas une idole. Il est désirable de s'y tenir, parce que sa formule numérique exprime approximativement, mais assez correctement, la limite qu'il convient de tracer entre la vie familiale et morale des salariés et leur vie d'usine. Mais, d'abord, nous plaçons en dehors de toute discussion qu'il faut entendre par journée de huit heures une journée de huit heures de travail *effectif* et à bon rendement ; il y aurait beaucoup de chances pour que la question de prolonger la journée de huit heures ainsi comprise ne fût pas souvent posée. En outre, la raison exige que l'idéal de la journée de travail réduite à huit heures plie, s'il y a lieu, devant les exigences de la réalité. Une situation économique particulière peut exiger momentanément que le légitime désir de bien-être et de loisirs utiles cède à des circonstances impérieuses ou à la nécessité d'un effort exceptionnel, seul capable de conjurer un mal plus redoutable. On ne dira pas : « Périssent la prospérité publique et particulière, la richesse nationale et privée, la civilisation même, plutôt que le principe de la journée de huit heures ! »

Le plus grave défaut de la loi des huit heures réside dans sa généralité même, son caractère de règle mécanique, inflexible, formulée par un groupe particulièrement disqualifié pour intervenir en ces matières : le Parlement. Inapplicable aux travaux agricoles et maritimes, elle apparaît comme mal adaptée à son objet lorsque nous la voyons régir à la fois l'activité de l'homme d'équipe d'une petite gare traversée par une demi-douzaine de trains en vingt-quatre heures et l'énergie productrice d'un tourneur ou d'un fraiseur payé aux pièces. La durée de la journée de travail ne doit pas relever d'une règle rigide qui la fixe uniformément, mais demeurer en relation avec les besoins professionnels, les nécessités économiques passagères et les exigences de la vie humaine, dont les intéressés, patrons et ouvriers, sont les seuls interprètes légitimes. La règle de la durée du travail, dont le chiffre huit marque l'optimum, doit rester, dans la pratique, d'une souplesse qui en permette l'adaptation aux conditions de temps, de lieu et de profession. La détermination de ces modalités ressortit à la souveraineté des divers corps professionnels, s'inspirant des besoins de leurs membres et des nécessités de la production dans un métier donné.

On accuse les hauts salaires actuels de provoquer le renchérissement de la vie.

Il convient d'abord de s'entendre sur l'expression « hauts salaires ». Les chiffres de vingt-quatre à quarante-huit francs payés pour huit heures de travail aux pièces ne doivent pas faire illusion sur le salaire réel. L'industrie métallurgique passe sans cesse par des crises de production intense, de production ralentie et de chômage. Il s'en faut de beaucoup que les ouvriers mécaniciens trouvent toujours à fournir trois cents jours de travail. Le salaire des ouvriers doit donc être apprécié, non d'après le gain quotidien, mais d'après le gain moyen de l'année, qui est très variable. Ce chiffre établi, les « hauts salaires » ne paraîtront plus aussi « hauts » qu'ils l'avaient semblé tout d'abord. Remarquons ensuite que cette élévation des salaires a été calculée sur l'élévation du coût de la vie dont elle est la conséquence. Loin que la cherté de la vie tienne à la hausse des salaires, c'est celle-ci qui est consécutive à la hausse du prix des choses et nécessitée par elle. Pendant l'année 1922, le prix de la vie s'est légèrement accru et cependant les salaires n'ont pas bougé — à moins qu'ils n'aient fléchi ; ils n'expliquent donc pas l'augmentation du coût de l'existence.

La cause fondamentale de la vie chère n'est autre que l'inflation fiduciaire : l'ascension des prix dépend de l'avilissement du signe monétaire. Signalons, en outre, la rapacité des intermédiaires qui, au lieu de se contenter, comme avant la guerre, d'un gain de 30 à 40 %, veulent gagner 100 à 200 %. Un industriel me raconta qu'il venait de conclure un achat de matières premières à sept francs, sur lesquels le vendeur, s'il se contentait d'un bénéfice tenu aujourd'hui pour modéré, ne gagnait pas moins de 60 à 80 % ; un second vendeur de la même matière première, de même qualité, en réclama quatorze francs ; bénéfice minimum probable : 120 à 160 %. Le patron lui ayant montré le marché qu'il venait de conclure à sept francs, le fournisseur, après s'être répandu en vives protestations, accepta finalement ce dernier prix. Si le salaire subissait une réduction, comme la circulation fiduciaire et l'âpreté au gain n'en subiraient pas, la vie ne deviendrait pas moins chère, mais les ouvriers, moins payés, ne pourraient plus vivre. Les salaires ne peuvent être réduits que si le coût de la vie a préalablement diminué.

D'où vient qu'en ce moment les travailleurs ne se plaignent pas ? C'est que, tout en bénéficiant de la journée de huit heures avec une heure supplémentaire facultative, ils trouvent assez, généralement, du travail et du travail convenablement payé. Respectons ces conventions qui valent à nos sociétés, si durement éprouvées, de connaître un peu de paix intérieure.

### Les besoins de l'ouvrier.

L'idéologie révolutionnaire est étrangère au salarié : il vit des réalités matérielles et dans les réalités matérielles — les plus pressantes ; et son ignorance trop générale, son défaut de culture habituel, le rendent presque toujours incapable de concevoir lui-même une doctrine, ou de s'intéresser aux doctrines, ou d'en dégager autre chose que les conclusions matérielles ajustables à ses besoins. Ce que, d'eux-mêmes, conçoivent, désirent et veulent les ouvriers, ce sont des conditions d'existence physique acceptables, tolérables. Les meilleurs d'entre eux — et les autres les suivent très volontiers dans cette voie lorsqu'ils en sont sollicités — aspirent, en outre, à des conditions d'existence morale conformes aux besoins supérieurs de la personne humaine.

Un mécanicien catholique qui, depuis vingt-cinq ans, habite Belleville, me dit : « L'ouvrier veut tout simplement être respecté (1), convenablement payé, jouir d'un peu de bien-être et de la sécurité du lendemain. Il veut être respecté. Avec raison ! car il y a tout de même quelques patrons qui se f... trop de sa g... et qui le prennent pour plus bête qu'il n'est ! L'ouvrier aime le travail et il aime son métier. Mais il entend que son travail le fasse vivre et que son métier soit organisé. Voilà ce que souhaitent tous les ouvriers. D'eux-mêmes, ils ne songent jamais à la Révolution. L'idée d'une Révolution, ce sont les malins qui la greffent sur l'idée de la vie professionnelle, active et honorée, et les ouvriers passent de celle-ci à celle-là sans s'en douter, tout simplement parce qu'on leur fait croire que la Révolution leur donnera cette aisance et cette sécurité qu'ils souhaitent de trouver dans la profession. Il suffit de leur expliquer

(1) Voici un exemple de manque de respect du patron pour l'ouvrier : dans une grande usine, la chute accidentelle d'une pièce de fer tue un des ouvriers. Le patron se trouve dans le hall. On le prévient. Il ne prononce pas un mot de sympathie et ne se dérange pas de ses occupations. Le camarade de qui je tiens ce fait me le rapporte à voix basse, avec un accent de tristesse profonde.

ces choses pour qu'ils les comprennent et qu'ils veuillent, d'abord, faire l'économie d'une Révolution qui serait, pour eux comme pour tout le monde, un désastre. Ce n'est que plus tard qu'ils s'apercevront que l'idée religieuse est l'âme de la vie professionnelle comme de toute vie sociale, et qu'elle la protège. Mais que l'on ne songe pas à les amener directement et d'emblée au catholicisme. C'est seulement par l'organisation professionnelle de ses intérêts que l'on atteindra son âme et qu'on l'amènera à Dieu. » Les réflexions et les conclusions de ce Bellevillois sont celles-là même auxquelles m'ont conduit les observations vécues que je relève depuis vingt ans.

Les progrès techniques des différents métiers amélioreront peu à peu les conditions matérielles du travail en le rendant plus propre, plus facile, agréable même. C'est le développement du machinisme qui remédiera aux défauts que le machinisme comporte. Des dispositifs particuliers peuvent être imaginés qui accomplissent les tâches malpropres et fatigantes, de telle sorte qu'il suffise d'un homme manœuvrant quelques leviers ou manettes pour les mettre en mouvement et régler leur marche. Des perfectionnements de ce genre se réalisent sans cesse ; la récente installation de l'usine où j'ai travaillé à Saint-Denis en administre la preuve : ponts roulants aériens pour le transport des pièces de fer ; nouvelles machines-outils, à courtes courroies et mues électriquement ; amples ateliers où l'espace est largement distribué, où l'air et la lumière abondent. Des inventions nouvelles permettront de réduire l'effort physique, d'éviter les besognes répugnantes, d'assurer la domination de l'intelligence sur le muscle et de l'homme sur la machine-outil.

Ces progrès dans l'atelier doivent s'accompagner de progrès semblables dans l'habitation ouvrière. La banlieue, en particulier la Plaine Saint-Denis, présente de vastes terrains vagues où pourraient surgir de nombreuses agglomérations de maisons, hygiéniques et confortables. Le problème des logements ouvriers a été résolu dans quelques grands centres industriels et bassins miniers où des Compagnies puissantes ont construit des cités pour leur personnel. Des Syndicats d'industriels de la banlieue parisienne pourraient aisément les imiter. Les salariés y trouveraient l'avantage immédiat d'habitations saines. Mais leur vif et légitime désir de devenir propriétaires ne recevrait pas encore satisfaction. Peut-être même souffriraient-ils de se sentir plus étroitement liés à leurs employeurs, plus subordonnés à l'entreprise et de recevoir, par charité, l'usage de ce dont il serait préférable, en justice, qu'ils pûssent acquérir la propriété. Aussi vaudrait-il mieux que le trust patronal, au lieu de perpétuer, comme en pays minier, leur condition de locataires, les aidât dans cette conquête définitive du petit domaine familial ; et que ce bienfait résultât également de l'activité du Corps professionnel. Nombreux furent mes camarades d'atelier qui exprimèrent leur vif désir de devenir les seuls maîtres du toit qui les abrite et du terrain qui l'entoure. On ne saurait trop le répéter, la folle passion révolutionnaire n'est que le fruit monstrueux de la sage passion propriétaire, injustement déçue ; aussi tous nos efforts doivent-ils tendre à faciliter aux ouvriers l'accession à la propriété, individuelle et collective. C'est à la profession organisée que devrait échoir ce rôle d'inspiratrice et de guide, et, à l'Etat législateur, le soin de préserver la maison ouvrière de la vente exigée par le Code lorsque le chef de famille meurt, laissant à plusieurs héritiers ce modeste patrimoine. L'allotissement ouvrier de la majeure partie de la banlieue immédiate de Paris pourrait être facilité et les moyens rationnels et rapides de transport organisés par une Administration publique honnête et prévoyante.

La vie ouvrière à l'usine et au foyer une fois améliorée, il resterait à orienter les ouvriers vers l'épargne et vers la participation à la propriété industrielle. Mais l'efficacité du recours aux Caisses d'Epargne, Bons et Rentes d'Etat, dépend exclusivement d'une forte politique poursuivie avec méthode par un Etat construit conformément à ses principes essentiels. Toutes les formes de l'activité coopérative demeurent, malgré l'échec de leurs nombreuses tentatives au cours du siècle dernier, recommandables. Si ces essais réussissent, il y faut applaudir. Mais l'expérience démontre que, ces réussites n'étant qu'exceptionnelles, on ne pourrait, sans se leurrer, en attendre la solution des problèmes ouvriers. La participation aux bénéfices n'a pas donné de meilleurs résultats.

« J'avais fondé dans le Midi, me dit un ingénieur, une coopérative de production qui groupait des ouvriers intelligents et travailleurs. L'affaire marchait bien et réalisait des bénéfices. Mais, au bout de six mois, on me laissa entendre qu'en continuant de la diriger (gratuitement !) je leur laissais l'impression qu'ils n'étaient pas maîtres chez eux. Je me retirai. Six mois plus tard, ils avaient tous abandonné cette affaire prospère, l'avaient liquidée et étaient retournés dans les usines patronales. Que voulez-vous ! me dirent-ils, la conduite de cette entreprise nous accablait de préoccupations : traites à payer, gestion, commandes, ventes, c'était un vrai casse-tête. Maintenant que nous n'avons plus à penser à tout cela, nous sommes plus tranquilles... » La coopérative de production reste possible, mais à titre exceptionnel, car elle suppose des qualités qui ne se rencontrent qu'exceptionnellement même dans l'élite ouvrière. D'ailleurs, la règle fondamentale de l'activité productrice reste toujours vraie : un chef responsable, maître de la gestion de ses intérêts.

La participation aux bénéfices suppose équitablement la participation aux pertes, dont les ouvriers ne veulent jamais entendre parler. En outre, les bénéfices seraient-ils constants qu'ils resteraient insuffisants pour sastisfaire aux illusions que se font les salariés sur leur importance : ils ne cachent pas leur surprise de constater la modicité des parts distribuées et l'attribuent à quelque dissimulation malhonnête.

Même ignorance des réalités commerciales, même illusion et même déception se rencontrent souvent chez les travailleurs lorsqu'il s'agit des profits d'une coopérative de consommation. Un ingénieur, qui dirigeait, dans une usine, la coopérative de consommation, me disait : « Les ouvriers s'en désintéressent parce qu'ils estiment insignifiants les bénéfices. Un acheteur de mille francs touche un bénéfice de cinquante francs pour l'année et manifeste son désappointement : il s'imaginait en recevoir deux ou trois cents. Il est cependant, en outre, titulaire d'actions qui lui rapportent 6 % ; et enfin, l'économie réalisée sur le prix dont il aurait payé les mêmes objets dans une boutique s'élève à 10 % ». Tous ces avantages paraissent néanmoins insuffisants aux coopérateurs, tellement ils s'illusionnent sur les réalités commerciales. Il en va de même pour les réalités industrielles : ils s'imaginent qu'elles se créent exclusivement avec leur travail et qu'elles constituent une source de profits intarissables et fabuleux ; ils croient volontiers que le produit manufacturé est, au sortir de leur machine-outil, vendu et que le bénéfice tombe aussitôt dans la caisse patronale ; ils ignorent tout du rôle des capitaux, de l'administration, de la préparation technique, des agents commerciaux, des agents bancaires, et, surtout, de cette fonction fondamentale : prévision et calcul, coordination et contrôle, initiative, risque et décision, que remplit le chef de l'entreprise. Bref, cette méconnaissance des questions économiques est prodigieuse ; elle demeure la source des mésententes et des conflits ; elle dresse une barrière infranchissable entre patrons et ouvriers qui ne peuvent s'entendre parce qu'ils ne parlent pas le même langage ni ne traitent des mêmes réalités concrètes. Mais la faute n'en revient-elle pas, pour une part, à ceux qui n'ont jamais songé à instruire les ouvriers des faits fondamentaux de la vie industrielle et des lois économiques qui les régissent ?

L'actionnariat ouvrier collectif semblerait devoir porter plus de fruits : par l'acquisition d'actions industrielles, le syndicat ouvrier ou le corps de métier, la république professionnelle, participe, avec les autres actionnaires dans leurs assemblées, au contrôle et à l'administration de l'entreprise sans cependant en énerver la direction. En même temps, les salariés de l'entreprise se trouvent intéressés, en tant que membres des Syndicats actionnaires, à la prospérité de l'entreprise dont ils apprennent à connaître les aléas, les difficultés, ainsi que les causes de ces difficultés. Mais cet actionnariat corporatif, très aisément applicable aux grandes compagnies semi-publiques, telles que mines et chemins de fer, ne souffrirait peut-être pas d'être étendu aux compagnies industrielles de médiocre ou même de moyenne importance. Seule, l'expérience dira ce que valent ces tentatives. Du moins souhaitons qu'elles soient loyalement mises à l'essai : les cheminots catholiques ont déjà dirigé dans cette voie leurs efforts.

Toutes ces initiatives visent à élever les ouvriers au-dessus des conditions de vie précaire, inférieure et, pour tout dire, méprisée, qui leur sont faites depuis cent ans, mais elles supposent chez eux une certaine culture en matière économique et sociale qui devrait nécessairement s'ajouter à leur formation technique. Hélas ! ils ne manquent que trop de l'une comme de l'autre. Toutefois, depuis la guerre, les exigences de l'industrie en fait de préparation technique se sont si fortement manifestées que patrons et syndicats, Chambres de commerce et municipalités ont rivalisé d'ardeur à organiser les cours d'apprentissage ou à créer des écoles techniques. Louables initiatives ! Elles gagneraient en méthode, en ampleur et en fécondité, si la Profession elle-même, organisée, en faisait son œuvre, et non un Patron, voire une Chambre de Commerce.

Les besoins du salarié comportent, bien plus encore que la participation à la propriété industrielle, la garantie contre l'extrême précarité de son existence : le chômage, les accidents, les maladies, les infirmités le menacent à un degré qu'aucune autre profession ou condition sociale ne connaît. L'ouvrier le plus intelligent, le plus travailleur, le plus sobre, le plus économe, le plus prévoyant, reste à la merci d'un chômage prolongé ou de chômages répétés, que peuvent amener les causes les plus diverses ; et ce danger n'est pas le seul qu'il redoute pour son modeste budget. Ni la prudence, ni l'épargne ne libèrent le salarié de la dure nécessité de vivre au jour le jour.

On cherche par les « assurances sociales », à porter remède à ces maux profonds et permanents. L'erreur du projet, renouvelé des fameuses « retraites ouvrières » qui ont si lamentablement échoué, consiste à tenter de réaliser cette réforme par l'Etat, d'où, péril financier, accroissement du fonctionnarisme, excès d'étatisation, absorption des individus par la puissance publique.

Les assurances sociales ressortissent au rôle essentiel que le corps professionnel doit assumer. Si elles étaient des assurances corporatives, aux maux dont souffrent les ouvriers ne se substitueraient pas les maux que, mises à la charge de l'Etat, elles infligeraient immanquablement au corps social tout entier : la république de métier allégerait le pouvoir central de fonctions qui lui sont étrangères et des parasites qu'elles multiplieraient ; en même temps que le fardeau financier de la nation serait réduit, la somme des libertés publiques se trouverait accrue par l'indépendance que la fortune corporative assurerait à ses bénéficiaires.

Tout à l'opposé des étatistes, quelques catholiques s'en tiennent à l'idée de Confrérie religieuse comme à une panacée universelle, et ce n'est pas moins radicalement nier les réalités. La confrérie, société purement religieuse, demeure totalement étrangère aux difficultés d'ordre matériel qui constituent le point de départ du problème ouvrier. Elle demeure inapte à résoudre les difficultés que soulèvent l'organisation des entreprises, le taux des salaires, le coût de la vie, le logis populaire. Puis, elle suppose l'existence d'une foi commune qui a précisément disparu de l'âme des travailleurs d'usines ; l'existence aussi, comme support matériel, de la société de métier.

La spiritualisation totale des groupements sociaux, que professent les doctrinaires de la Confrérie, procède de la méconnaissance de la physique sociale, qu'il serait cependant puéril et vain de nier. Désirer l'amélioration du sort des ouvriers ne suffit pas : encore faut-il pouvoir y réussir. Quand une proposition d'élévation du taux des salaires est formulée, le patron n'y peut répondre que les yeux fixés sur son grand-livre :

sa bonne volonté reste subordonnée aux capacités financières de l'entreprise. Le joug de cette même inflexible loi pèse sur quiconque possède : grand capitaliste qui encaisse d'importants dividendes ou pauvre salarié qui touche sa paie de quinzaine. L'homme est composé de psychique et de physiologique, d'aspirations élevées et de bas instincts, de raison et d'animalité, d'une âme et d'un corps ; et l'univers entier, de matière et d'énergie. La sociologie, comportant l'étude de ce double élément, envisage nécessairement l'organisme social du point de vue matériel et du point de vue humain, et l'homme du point de vue de ses besoins physiologiques et de ses besoins psychiques, tout en subordonnant les premiers aux seconds, de même que le corps doit être discipliné par l'âme, la matière par l'esprit. L'économique, science de la richesse de l'homme, considère la richesse, d'abord en elle-même, puis dans ses rapports de subordination aux besoins matériels et moraux de l'homme. Nier la physique économique ou sociale, sous prétexte que l'élément humain implique un élément moral vaudrait autant que nier la loi régissant la chute des corps, sous prétexte qu'il existe une Providence. Attribuer la cherté de la vie d'après-guerre à la malhonnêteté des hommes est partiellement vrai, mais d'une vérité seulement partielle, car des hommes honnêtes qui, par pure ignorance des conséquences de leurs actes, eûssent imprimé plus de billets de banque qu'il ne convenait à l'entreprise d'Etat bien conduite, auraient provoqué la même élévation du prix de la vie que nous avons vue suivre l'émission de papier-monnaie faite par des gouvernants ignorants et malhonnêtes. La cause profonde de la vie chère, c'est l'inflation fiduciaire : cette explication matérielle, indépendamment de toute considération morale, est nécessaire et suffisante. Il y a, non seulement une psychologie et une biologie des sociétés, mais une physique sociale, et l'ignorer ne serait pas moins dangereux que de se refuser à reconnaître, parce que nous avons une âme, que notre corps est soumis à la loi de la pesanteur et que, par suite, en nous abandonnant à l'élan spirituel, nous pouvons, en toute sécurité, du rebord d'un toit, nous avancer fermement dans le vide et même faire de la bicyclette sur les nuages. A nous de chercher et de découvrir les lois de la physique sociale, qui, avec les lois de la physiologie, de la psychologie, de la morale sociales, manifestent l'ordre providentiel. Elles expriment les volontés divines permanentes. Ces lois — et non le miracle — constituent la règle à laquelle il faut se soumettre ou dont nous pouvons nous servir. Pour préparer leurs repas, les moines ne se mettent pas en prière à côté des fourneaux éteints et des casseroles vides. L'ordre divin exige que nous apprenions à connaître et à appliquer les lois de la production et de l'acquisition des aliments, les lois de leur cuisson. L'Evangile ne nous énumère pas les règles du monde matériel — physique ou social — mais nous fait un devoir de travailler à les découvrir et à les utiliser pour l'amour et le salut du prochain, par l'amour de Dieu et en vue de son règne. Il nous insuffle l'esprit qui doit animer notre action en la transfigurant.

En présence de ces besoins de l'ouvrier, quel doit être le rôle du clergé ?

Le clergé, qu'animait et qu'anime toujours un grand zèle pour les âmes, n'a pas su, à l'heure opportune, prendre les initiatives que l'on espérait de lui : son ignorance ou sa méconnaissance des conditions réelles de la vie à l'usine l'a empêché de jouer le rôle de guide et de sauveur qu'il aurait pu assumer. Plusieurs ouvriers catholiques militants m'ont confié la tristesse qu'ils éprouvaient à voir des prêtres très dévoués ne pas comprendre les difficultés et les besoins matériels de l'existence et rester par suite impuissants à collaborer utilement à l'amélioration du sort des travailleurs. Habitué aux anciennes formes d'action, ce clergé a eu peur d'en susciter de nouvelles, plus en rapport cependant avec les conditions de vie créées par la grande industrie. Dispensateur de la vie spirituelle, les prêtres ne restaient-ils pas trop indifférents aux difficultés que faisaient surgir les questions de technique industrielle, l'embauchage, la fixation des heures de travail et des salaires, le logement, la nourriture et le vêtement ? Les hommes ne sont point des âmes sans corps, vivant à la manière des anges. Apôtres de la charité, les prêtres n'oubliaient-ils pas de prêcher la justice ? Pratiquer la charité sans réaliser d'abord la justice, c'est violer tout à la fois et le précepte de justice et le devoir de charité.

Quant à la bourgeoisie, elle avait, depuis l'introduction de la grande industrie en France, voilà près de cent ans, moralement abandonné ses humbles et indispensables collaborateurs. Son égoïsme reste responsable de l'éclosion de l'idée révolutionnaire qui n'a pu jeter des racines dans l'intelligence, le sentiment, la volonté de nos ouvriers, cependant si richement doués, que parce que, seuls, les révolutionnaires, en s'occupant d'eux, paraissaient les aimer. Cette bourgeoisie dure et jouisseuse, c'est la bourgeoisie voltairienne du temps de Louis-Philippe et de Napoléon III ou la bourgeoisie libre-penseuse de la Troisième République. Mais, à mesure que sa conscience et son intelligence reçoivent une formation plus fermement chrétienne, la bourgeoisie nouvelle s'ouvre à la conception et à la pratique de devoirs sociaux qu'au surplus une observation plus attentive lui révèle conformes à ses intérêts mêmes : plus d'un chef d'entreprise s'aperçoit que son intérêt bien compris coïncide avec son devoir d'assurer le mieux être des travailleurs. C'est ainsi que le Consortium du textile Roubaix-Tourcoing, fondé au lendemain de la guerre et qui groupe trois cents patrons — la presque totalité — de cette région, a réalisé l'idée du sursalaire familial, qui ajoute au salaire du travailleur une indemnité calculée d'après le nombre de ses enfants, et institué le contrôle de la stricte exécution, par les chefs d'usines, de leurs engagements à l'égard de leur personnel ; tout ouvrier qui se croît lésé peut adresser une réclamation au Consortium qui en vérifie le bien-fondé et fait rendre justice au plaignant ; une grève possible est ainsi conjurée.

Si les syndicats et super-syndicats patronaux s'engagent dans cette voie, ils ne pourront que se rencontrer avec les syndicats ouvriers dans l'harmonie supérieure du Corps professionnel. Non qu'il ne doive plus jamais y avoir entre eux des difficultés et des discussions : il s'en produit sans cesse entre les divers producteurs comme entre ceux-ci et les consommateurs, mais qui se terminent par des compromis.

La nécessité de l'organisation ouvrière et, au-dessus d'elle, de l'organisation de la profession apparaît d'autant plus pressante que l'ébranlement économique causé par la guerre menace de précipiter la ruine de l'Europe occidentale. La crise financière peut provoquer la destruction des Etats qui ne s'en défendront pas par la puissance de leur structure politique et économique, ainsi que par leur forte discipline morale et religieuse. Le XIX<sup>e</sup> siècle a porté la prospérité matérielle et la domination de l'homme sur le monde physique à un degré jusqu'alors inconnu ; la puissance motrice de la vapeur et toutes les inventions que la science en a tirées ont suscité la grande industrie et son instrument financier, le crédit ; de là, l'incroyable puissance matérielle dont a joui le siècle passé. Mais ce progrès s'accompagnait d'une régression parallèle dans l'ordre religieux et moral, politique et social. Cette rébellion de l'élément inférieur contre les éléments supérieurs, ce renversement de l'ordre hiérarchique nécessaire ne pouvaient qu'amener la rupture générale d'équilibre dont souffre le monde, préparer le chaos où il est jeté et qui menace de s'aggraver encore si nous ne nous hâtons de revenir à l'observation des principes essentiels à la constitution des sociétés humaines. Le socialisme, en particulier, est issu de ce désordre qu'il menaçait de porter à son comble sous couleur de le guérir ; l'extension de ses doctrines avait été singulièrement favorisée depuis vingt-cinq ans par les complicités des hommes au pouvoir ; à cette heure où le parti socialiste s'effondre, rien de plus facile que de lui donner le coup de grâce (1) : mais, comme on ne détruit le mal qu'à la condition de lui porter remède, il importe surtout de donner satisfaction à ces légitimes aspirations ouvrières dont l'idéal révolutionnaire n'a été que la déviation malfaisante ; l'organisation professionnelle et, à l'intérieur de celle-ci, l'organisation des groupes particuliers et, tout spécialement, des ouvriers, exorciseront les théories communistes en leur enlevant jusqu'à l'ombre même de prétextes et non pas seulement de raisons (2).

L'activité des syndicats ouvriers professionnels devrait être tout entière tendue vers la constitution et l'accroissement d'un vaste patrimoine collectif destiné à prémunir les salariés contre les incertitudes de leur existence (chômage, maladie, accident, vieillesse). On les attacherait ainsi à la propriété, c'est-à-dire à l'ordre et à la paix sociale, en la leur rendant plus facilement accessible sous sa double forme individuelle (par exemple, l'acquisition de la maison familiale) et collective (patrimoine corporatif et action-

(1) L'arrestation des chefs communistes, le 10 janvier 1923, pour complot contre la sûreté intérieure et extérieure de l'Etat, y aidera fortement.

(2) V. dans *La Production française*, 21 octobre 1922, l'article de Pierre Dumas : « Contre la guerre sociale, il faut organiser la Corporation ».

nariat industriel), en les aidant à réaliser des économies (coopératives de consommation, restaurants coopératifs), en défendant avec une fermeté raisonnable tous leurs intérêts. La floraison de ces institutions greffées sur l'organisation professionnelle fondamentale donnerait satisfaction au désir de justice. Les chefs d'entreprise les mieux intentionnés ont trop souvent tendance à confondre la justice avec la charité et à réduire la première à la seconde qui serait à leur discrétion. Comme la bourgeoisie est maîtresse chez elle, l'ouvrier entend être maître chez soi : et c'est justice.

Syndicats ouvriers et syndicats patronaux ont donc leurs rôles particuliers à jouer, mais en respectant la subordination réelle de leurs intérêts aux intérêts plus généraux de la profession, en vue de laquelle ils doivent nécessairement collaborer s'ils veulent en tirer, tous, le maximum de profit. La « Confédération de l'Intelligence et de la Production française » est née de cette idée du rôle supérieur de la profession au sein de laquelle se meuvent les diverses organisations professionnelles. Ces républiques de métiers, ces corps professionnels, ces corporations ne doivent en aucune manière évoquer l'idée d'un retour à l'ancienne corporation, comme quelques-uns s'en effraient quelquefois. Il s'agit, au contraire, d'une organisation toute nouvelle, constituée en fonction des besoins de notre temps. L'ancienne corporation a varié suivant les nécessités des âges : entre les sociétés ouvrières de l'Empire romain, les ghildes germaniques, les Corporations du Moyen-Age, celles des XVIIe et XVIIIe siècles, les Compagnonnages du XIXe siècle, les syndicats actuels ou corporations contemporaines, et les Corporations de demain, il n'existe aucune ressemblance, sinon celle que leur imprime le caractère fondamental, commun à tous ces types fort divers et diversement réalisé en chacun d'eux, d'un groupement organique d'individus, suscité par des intérêts objectifs et semblables qui les soudent en un tout vivant. Quant aux modalités variées de cet organisme social, elles demeurent sous la dépendance des réalités particulières à un milieu donné, défini par ses conditions de temps et de lieu et par tous les facteurs secondaires que ces deux facteurs essentiels impliquent.

A l'heure présente, il semble que tous les efforts convergent, de toutes parts, vers la constitution du corps professionnel : du côté des patrons, l'exemple du Consortium du textile est tout à fait remarquable ; du côté des ouvriers, le syndicalisme catholique, avec la Confédération française des travailleurs chrétiens, se développe avec ampleur ; de la part de l'Eglise, les encouragements de l'épiscopat et du Saint-Siège (1) sont prodigués à ce mode de groupement populaire ; de la part des intellectuels, nous constatons l'importance croissante des études scientifiques minutieuses et des rigoureuses méthodes de l'Action populaire, la large propagation du mouvement provoqué par les Semaines sociales, le rôle toujours plus important tenu par l'Ecole de l'économie chrétienne de M. E.

(1) A la fin de 1922, lettre des évêques de Normandie et lettre de Pie XI aux syndicats chrétiens.

Duthoit, professeur à l'Université catholique de Lille, et par les doctrines de l'Economie nouvelle de MM. G. Valois et Coquelle.

Les Syndicats nous apparaissent donc seulement comme les éléments de la Profession. C'est le Corps professionnel tout entier qu'ils concourent à élaborer et que leur activité, en se prolongeant, construit. C'est lui, en dernière analyse, qui est seul qualifié pour se subordonner toutes les aspirations diverses de ses cellules et organes, en les disciplinant. Et comme les corps professionnels ne sont eux-mêmes que les éléments constitutifs du grand corps social à la vie duquel ils collaborent, c'est à l'organe central, national, qu'est dévolu le rôle de régulateur suprême des intérêts privés, individuels ou collectifs. La prospérité économique générale de la nation dépend d'une multitude de facteurs sur lesquels les individus, les familles, les corps et l'Etat doivent exercer leur action. L'Etat apparaît au terme de cette analyse : le problème économique s'achève au problème politique et y conduit. C'est ainsi que la cause fondamentale de la cherté de la vie, de la perturbation des prix — phénomène d'ordre essentiellement économique — et de leurs innombrables conséquences matérielles et morales, se découvre dans l'inflation fiduciaire, fruit d'une mauvaise politique. La crise que cette inflation a déclanchée ne peut être résolue que par une bonne politique financière, qui suppose elle-même une bonne politique, tout court, et, par suite, des institutions permettant aux hommes de la concevoir et de la réaliser. Les phénomènes économiques ne se développent pas toujours d'eux-mêmes, en dehors de toute influence de l'Etat. On ne saurait trop insister sur l'exemple précis qui nous est fourni à ce propos par le problème de la vie chère. Certains, en effet, continuent de croire qu'il suffirait d'abaisser les salaires pour abaisser le coût de la vie. Il n'en est rien : les salaires ont triplé comme le coût de la vie elle-même. Les réduire constituerait une injustice et cette injustice n'amènerait pas la baisse des prix, parce que la masse des francs-papier ne serait pas réduite. La vie chère, répétons-le, n'est pas l'effet des hauts salaires, mais elle est, comme ceux-ci, la conséquence de l'inflation monétaire, problème purement politique, puisque sa solution dépend uniquement de la gestion financière de l'Etat, autrement dit, de cette politique d'Etat dont les finances publiques dépendent, tout comme l'équilibre du budget domestique dépend de la politique domestique et du gouvernement que cette politique inspire. La bonne politique fait les bonnes finances : formule vraie pour les Etats, les cités, les associations, les familles, les individus.

La réforme économique postule donc la réforme de l'Etat, réorganisé en fonction des Corps qu'exigent les besoins essentiels de l'activité productrice nationale ; autrement dit, un Etat dans la constitution duquel prendra place « une représentation politique qui fit ses preuves dans le passé, qui ne connaissait pas les individus, mais les éléments organiques constitués par eux, cités, communes, corporations, évêchés, provinces, etc. », bref, « des Etats généraux dont le colonel de la Tour du Pin disait excellemment qu'ils étaient une représentation de droits et d'intérêts corporatifs » (1).

La profession est, en effet, un système de familles, et, comme chacune de celles-ci, un petit Etat. L'Etat proprement dit n'est qu'un système d'Etats au sommet duquel il se place comme une clef de voûte, à la fois soutenant le tout et soutenu par lui.

En résumé, l'étude, dans la banlieue de Paris, des ouvriers métallurgistes, qui constituent la majeure partie de l'élite ouvrière, met en évidence, avec les qualités professionnelles et morales de ces ouvriers, leur éloignement actuel des illusions socialistes révolutionnaires. Aucun nouveau courant d'idées définissable ne s'en dégage, bien que l'on sente ces milieux favorablement disposés à accueillir les doctrines réalistes propagées par des réalisateurs. La tranquillité sociale résulte présentement de la reprise de l'activité industrielle, de la réduction de la journée de travail, de la proportion établie et maintenue entre les salaires et le coût de la vie, de la constatation des désastres causés par les expériences révolutionnaires dont nous sommes les témoins, du sentiment des difficultés et de la gravité de la situation générale du pays à l'intérieur et au dehors. Mais cette paix sociale reste incertaine et précaire, à la merci des moindres incidents, parce qu'elle n'est pas fondée sur les institutions durables qu'exige la nature des choses. L'organisation ouvrière dans les cadres de l'organisation profession-

(1) G. Coquelle, *La Production française*, 2 décembre 1922.

nelle apparaît comme seule capable de faciliter aux salariés l'accession toujours plus large à la propriété individuelle et de les assurer, par la propriété collective, contre les incertitudes de leur existence. Les lois qui président à la constitution organique des métiers relèvent d'abord d'une physique sociale, puis d'une physiologie et d'une psychologie des sociétés, qui, intéressant l'homme tout entier, s'ouvrent largement sur les perspectives politiques, morales, religieuses, et, se soumettant à la constatation des réalités, retrouvent sans peine les lignes essentielles, permanentes, de la structure des sociétés humaines.

---

# TABLE DES MATIÈRES

www.ingramcontent.com/pod-product-compliance
Ingram Content Group UK Ltd.
Pitfield, Milton Keynes, MK11 3LW, UK
UKHW012213240726
13966UKWH00002B/724